지구 관찰자의 기후 노트

Climate-Smart Generation
by Lee, Eunjee

Published by Hangilsa Publishing Co. Ltd., Korea, 2025.

지구 관찰자의
기후 노트

NASA 과학자 이은지의 기후 특강

이은지 지음

한길사

들어가는 이야기 · 7

첫 번째 이야기
자연에 기록된 기후 변화

온도 변화의 흔적 · 15
견제와 균형 · 27
탄소의 죄? · 40
예정에 없었던 우회 · 51
아름다운 바다 · 61

두 번째 이야기
과학이 기록하는 법

지구를 도는 CCTV · 79
자연의 미래에 대한 기록을 엿보다 · 90

세 번째 이야기
기록의 확장

연결된 지구 · 107
커피 마시는 법 · 117
물, 길을 잃다 · 130

네 번째 이야기
미래를 향한 기록

그동안 모두가 손 놓고 있던 것은 아니다 · 143
알고 보니 밀접한 관계 · 157
집 나간 탄소를 다시 불러올 수 있을까 · 167
우리가 만들어 나갈 기록 · 177

부록
기후 변화 백과사전

IPCC 보고서 읽는 법 · 191

이야기를 마치며 · 199
감사의 말 · 203
참고문헌 · 207

들어가는 이야기

"안전을 위해 기내식 서비스를 잠시 중단합니다. 손님 여러분께서는 좌석 벨트를 매주시기 바랍니다."

태국에서 열리는 워크숍 참석을 위해 미국 워싱턴 디시에서 출발, 인천공항을 경유해 방콕 수완나품 공항으로 가는 길이었다. 기내식 서비스가 이미 시작된 상황에서 터뷸런스^{turbulence}를 만난 비행기가 심하게 흔들렸고, 건너편 앞자리에 앉은 사람의 식판에서는 가벼운 그릇에 담긴 미역국이 쏟아졌다. 다행히 나는 뜨거운 국물이 있는 메뉴를 고르지는 않았지만, 기체가 심하게 흔들리는 바람에 도저히 음식을 먹을 수가 없었다.

'오늘은 기류가 좀 불안정한 모양이네.' 비행기에서 터뷸런스, 즉 난기류를 만나는 건 사실 그다지 놀랄 일은 아니었다. 당연히 조금만 지나면 괜찮아지리라 생각했지만, 비행기는 내가 예상한 시간을 지나서도 계속 흔들렸고 나는 남은 기내식 먹기를 포기해야 했다. 한참 후 간이 의자에 앉아 있던 승무원들이 다시 서비스를 이어갔지만, 결국 그날의 기내식 서비스는 급하게 마무리되었다.

무언가 달랐다. 이건 내가 그동안 겪던 난기류가 아니었다. 오랜 해외 생활과 출장 등으로 비행기를 탈 일이 적지 않았는데, 이렇게 심하게 그리고 오래 지속된 난기류를 만난 적은 없었다. 지구 온도가 올라가면 불안정해진 대기로 인해 난기류가 더 심해진다는 것을 과학자의 머리로 이해하고 있지만, 이론을 아는 것과 직접 겪는 것은 완전히 다른 이야기였다. 기후 변화가 연구의 대상에서 삶으로 불쑥 바뀌어 다가온 순간이었다.

내가 겪은 난기류처럼 기후 변화는 달갑지 않은 불청객이지만, 이제 누구도 피하거나 무시할 수 없는 우리 앞의 현실이 되었다. 그런데 기후 변화는 생각보다 그 정체가 그리 뚜렷하게 보이지 않는다. 이것이 바로 기후 변화가 주는 심리적 압박의 주된 원인이다. 우리는 정체를 알 수 없는 일에 막연한 불안을 느낀다. 이로 인한 공포심이 문제를 정확히 파악하는 데 걸림돌이 되기도 한다. 문제 파악이 왜곡되면 해결책을 찾는 일은 더 요원해지기 마련이다.

이 책은 기후 변화에 대해 감이 안 잡히거나 막연한 불안감을 느끼는 사람, 관심은 있지만 정작 체계적이고 과학적인 설명을 받아본 적 없어 아쉬운 사람을 위한 기후 변화 입문서다.

지난 20여 년간 기후 변화에 대한 사회적 인식은 큰 변화를 겪었다. 내가 대기과학으로 박사 학위를 받은 2010년대 초반까지만 해도, 미국에서 기후 변화에 대한 사회적 관심과 이해도는 사람마다 차이가 컸다. 2006년에 나온 다큐멘터리 영화 「불편한 진실」이 지구 온난화에 대한 사회적 관심을 불러일으키는 데 공헌하긴 했지만, 사회 구성원 대다수에게 위기의식을 공유하는 주제로 취급되지는 않았다.

2010년대 중반에 접어들며 기후 변화에 대한 사회적인 분위기가 바뀌기 시작했다. 마치 현실 부정에서 현실 자각의 시기로 접어드는 듯했다. 이 무렵부터 많은 사람들이 일상에서 기후 변화를 느끼기 시작했기 때문이다. 기후 변화는 과학의 영역을 벗어나 사회 경제와 연결된 고리들을 통해 식량 공급, 보건, 자연재해, 수자원 및 에너지 안보 등 그 영역을 넓혀가며 우리의 삶에 영향을 미치게 되었다.

최근 기후 변화에 대한 사회적 인식은 놀랍도록 달라졌다. 2019년에는 청소년들이 기후 변화에 대한 대응을 촉구하며 학교에 가는 대신 거리로 나서기도 했다. '미래를 위한 금요일'이라고 불리는 이 운동은 100개국 이상에서 1백만 명이 넘는 참가자들이 동시다발적으로 참여할 정도로 규모가 컸다. 젊은 세대 스스로 자신들이 살아갈 미래 환경에 대해 적극적인 목소리를 내기 시작한 것이다.

이제 기후 변화는 누구에게나 낯설지 않은 주제가 되었다. 기존의 판을 뒤흔드는 게임 체인저처럼 기후 변화가 우리 사회를 뒤흔들고 있기 때문이다. 이와 더불어 기후 변화에 대한 관심은 기후 위기 시대에 "우리와 다음 세대가 계속해서 번영을 누리기 위해 어떻게 슬기롭게 대처해야 하는가"에 대한 실질적인 질문으로 바뀌었다.

▎게임 체인저는 스포츠 경기 등에서 게임의 판도를 뒤바꾸는 것을 뜻한다. 정치·경제 등 다양한 분야에서 상황을 뒤바꾸는 인물이나 사건 등을 지칭하며 쓰인다.

이 책은 이 질문에 대한 답을 찾기 위해 다각도로 고민해온 내 개인적 여정에 대한 기록이기도 하다. 기후 변화는 복잡한 여러 얼굴을 가지고 있다. 자연과학적 접근법으로 파악될 것 같았던 기후 변화는, 내가 대기과학으로 박사 학위를 받은 뒤에도 기대한 만큼 뚜렷하지 않았다. 기후 변화가 본질적으로 과학만의 문제가 아니기 때문이다. 보다 종합적인 실체를 파악하기 위해 박사후 학제 간 연구팀에 합류해 일한 경험은 기후 변화에 대한 이해의 폭을 상당히 넓혀주었다. 그리고 연이은 10년의 기간 동안 NASA 협력연구원으로 일하면서 과학적인 방법과 사회경제의 연결고리에 대한 응용을 고민하고 있다. 무엇보다 최근 2년간 병행해온 과학기술 혁신정책 수료 과정은 내게 기후 위기 대응책에 대한 통합적 시각을 갖게 도와주었다.

  미리 고백하자면, 슬기로운 기후 위기 극복 방안을 찾는 여정은 여전히 진행형이다. 내가 지나온 이 과정을 통해 기후 변화 해결책에 대한 여러 방향의 접근을 독자와 함께 나눌 수 있으리라 기대해 본다. 어쩌면 이 책에 등장한 내 고민의 기록이 다른 이의 새로운 여정이 될 수도 있지 않을까. 기후 위기의 극복이 우리 세대에 주어진 가장 큰 도전임은 분명하기 때문이다.

첫 번째 이야기

자연에 기록된 기후 변화

온도 변화의 흔적

"출장 잘 다녀왔어? 이번 주 금요일에 점심 같이할까?"

두 달간의 태국과 한국 출장을 마치고 NASA^{미국 항공 우주국}로 돌아오니 반가운 메시지가 와 있었다. 같은 부서에서 일하는 동료이자 친구 야나였다. 꽤 오래 자리를 비웠기 때문에 쌓인 이야기가 많았다. 수다가 필요한 시점이었다.

"6월에 방콕 진짜 덥더라. 호텔 밖을 나서는 순간 바로 사우나 같았다니까. 다행히 오후마다 내린다는 소나기는 운 좋게 잘 피해서 비를 쫄딱 맞지는 않았어. 그런데 방콕보다 서울이 훨씬 덥고 습했던 거 있지. 내가 한국의 여름이 어땠는지 완전히 잊고 있었나 봐."

"그렇게 되더라고. 나도 미국에 오래 살다 보니까 부모님이랑

독일 바이에른주 로텐부르크의 거리 풍경

통화할 때 독일어 단어가 잘 생각이 안 나."

"나도 가끔 한국말이 바로 생각 안 날 때가 있어. 너희 부모님은 독일에서 잘 지내고 계시지? 참, 그런데 독일 사람들 집에는 에어컨이 거의 없다는 게 사실이야? 요즘 유럽도 여름에 엄청 덥다고 하던데."

여름 날씨 이야기를 하며 안부를 묻다가 문득 독일에서 공부했던 막내이모가 한 말이 떠올랐다. 독일은 여름에도 심하게 덥지 않기 때문에 에어컨을 갖추고 있는 집이 많지 않다는 것이었다. 그러고 보니 대학생 때 가본 독일의 베를린과 오스트리아의 비엔나의 숙소도 에어컨이 없었다.

"맞아. 독일엔 오래된 집이 많은데 그런 집에는 에어컨이 없어. 아마 지금 우리 부모님이 사시는 집에도 없을 거야. 최근에 지어진 집에는 있을지도 모르겠네. 사실 예전에는 별로 필요가 없었어."

하지만 요즘 유럽의 여름은 야나의 어린 시절이나 나의 대학생 시절과 많이 다르다. 그야말로 여름마다 불타는 폭염에 시달리고 있다. 폭염이란 평소의 날씨를 벗어나 불쾌감을 느낄 정도로 비정상적으로 더운 상태가 며칠에서 몇 주까지 지속되는 경우를 말한다. 전 세계적으로 폭염으로 고생하는 사람의 숫자가 해마다 늘고 있는데, 유럽도 예외가 아니다. 폭염으로 인한 온열 질환 관련

사망률이 최근 20년 동안 무려 30퍼센트나 증가했다는 연구 결과도 있다. 2023년 여름 유럽을 덮친 폭염은 그 정도가 너무 심해서 그리스 신화 속 지옥을 지키는 개의 이름을 따서 '케르베로스 폭염'이라고 부를 정도였다. 당시 이탈리아 로마에서는 기온이 섭씨 40도를 넘기자 더위를 참지 못한 관광객들이 관광명소로 유명한 트레비 분수의 물로 열을 식히는 모습이 언론에 보도되기도 했다. 이 폭염 기간 동안 이탈리아와 스페인 일부 지역에서는 기온이 섭씨 47~48도까지 치솟았다.

내가 출장을 다녀온 태국을 비롯한 동남아시아와 남아시아의 폭염도 만만치 않다. 2024년 4월부터 발생한 폭염으로 학교는 임시 휴교를 해야 했고, 일사병 등 온열 질환에 걸린 사람이 속출했다. 인도 뉴델리의 기온은 섭씨 50도를 넘겼고 근처 다른 나라들의 기온도 평년보다 훨씬 높았다. 특히 인도의 폭염은 쉽게 수그러들지 않아서 6월까지 계속되며 인도 역대 최장 기간 폭염으로 기록되었다.

곧이어 2024년 6월에는 사우디아라비아에서 온도가 무려 섭씨 52도까지 치솟은 폭염이 발생했다. 이 폭염은 하필이면 이슬람교의 성지 순례 기간과 겹쳐 발생했고, 메카에서는 하루에만 2,700명 이상이 열 탈진 증세를 보였다. 이 기간에 방문한 순례객 중 폭염과 관련된 사망자는 무려 1,300명 이상으로 추정된다.

그렇다면 폭염은 왜 세계 여러 곳에서 나타나고 있을까? 쉽게 생각할 수 있는 원인은 지구가 전체적으로 더워지고 있는 것이다. 그런데 지구의 평균 온도 상승은 실제로 일어나고 있는 현상일까? 지구의 온도 변화는 어떻게 알 수 있고, 그 기록은 어디에 남아 있는 걸까?

지구의 평균 온도

지구 온도에 대한 기록을 살펴보자면, NASA의 역할을 빼놓고 말할 수 없다. NASA 연구소에서는 세계 곳곳에서 잰 수많은 온도 자료를 바탕으로 지구 표면 온도를 재구성한다. 전 세계적으로 2만 개가 넘는 지상 관측소에서 땅의 표면 온도를 측정한다. 대양을 항해하는 배와 바다의 표지판인 부표를 통해서도 바다의 표면 온도를 잰다. 그리고 남극 대륙에 있는 관측소에서도 온도를 측정한다. NASA는 이 모든 측정값들을 이용해 수학적인 처리를 거쳐 지구 표면 온도 자료를 계산한다. 이렇게 수많은 관측값을 반영한 이 자료는 공신력을 인정받아 여러 곳에 인용되며, 매달 추가 관측값을 반영해 주기적으로 업데이트되고 있다.

NASA뿐 아니라 미국의 해양대기청, 버클리 어스[1], 그리고 영국

> Berkeley Earth. 캘리포니아주 버클리에 위치한 비영리 기후 연구 단체다. 기후 변화에 대한 논란을 과학적이고 투명하게 해소하기 위해 2010년에 만들어졌다.

기상청에서도 비슷한 지구 온도 변화 자료를 만들고 있다. 온도계로 잰 관측 기반 자료들은 1880년부터 현재까지 약 150년 정도 되는 기간의 지구 평균 표면 온도에 대한 정보를 제공한다.

그런데 온도계로 잴 수 없는 더 먼 과거의 지구 온도 변화를 알 수 있는 방법은 없을까? 관측값이 없는 시기의 온도를 추정하기 위해서는 다른 과학적인 방법들이 필요하다. 마치 범죄 사건의 현장을 재현하는 과학 수사처럼 온도계 대신 자연에 기록된 온도를 읽어 내는 것이다. 이 수사에는 나무의 나이테, 극지방의 얼음, 바다의 산호, 호수 밑바닥의 침전물 등 과거의 온도를 읽어낼 수 있는 모든 방법이 총동원된다.

예를 들어, 나무 기둥에 생기는 나이테는 나무의 나이를 나타낼 뿐 아니라 그 나무가 살아온 기간 동안 날씨가 어떠했는지에 대한 기록도 갖고 있다. 생장철인 봄과 초여름에는 나무가 쑥쑥 자라기 때문에 두께가 넓고 색이 옅은 원형의 띠가 만들어지고, 생장 속도가 줄어드는 가을이 오면 색이 짙고 좁은 단단한 고리가 만들어진다. 나무가 생장하는 정도는 주위 환경에 따라 다르기 때문에 해마다 다른 날씨 조건에 따라서 이 고리의 두께도 달라진다. 만일 어떤 해에 날씨가 춥거나 가뭄이 든다면 나무가 잘 자라지 못해 나이테의 폭이 좁아진다. 반대로 강수량이 충분하고 맑은 날이 많다면 나이테의 폭도 넓어진다. 이렇게 특정 시기의 기상 조건을 추정할 수 있는 것이다. 나무는 몇백 년은 물론 천년 이상까지도 살기 때문에, 나이테를 이용하면 꽤 오랜 기간의 온도 변화를 추정할 수 있다.

이런 자료들을 이용해 더욱 긴 과거 시간의 온도 변화를 추적하면 지구의 온도 변화에 대해 종합적인 이야기를 읽어낼 수 있다. 지구의 평균 온도는 2,000년 가량 큰 변화가 없다가, 1900년대 이후 급격히 올라가기 시작했다. 급격하게 올라가는 온도 변화 그래프의 모양 때문에 '하키 스틱'이라고 불리기도 한다. 지난 150년간의 온도 변화가 특별히 중요한 이유는, 이 온도 상승의 폭과 속도가 지난 2,000년 동안 지구가 한 번도 겪어보지 못한 급격한 변화이기 때문이다.

기후를 분석할 때는 짧은 기간이 아닌 최소 몇십 년 이상의 기간을 아우르는 평균값들을 비교해 그 변화를 조사한다. 세계기상기구■는 1850년에서 1900년까지 약 50년의 온도 평균값을 산업화

▌World Meteorological Organization. 흔히 WMO로 줄여서 부른다. UN 산하의 전문 기구로, 기상학 분야의 국제적 협력을 위해 설립되었다. 본부는 UN과 마찬가지로 스위스 제네바에 있다.

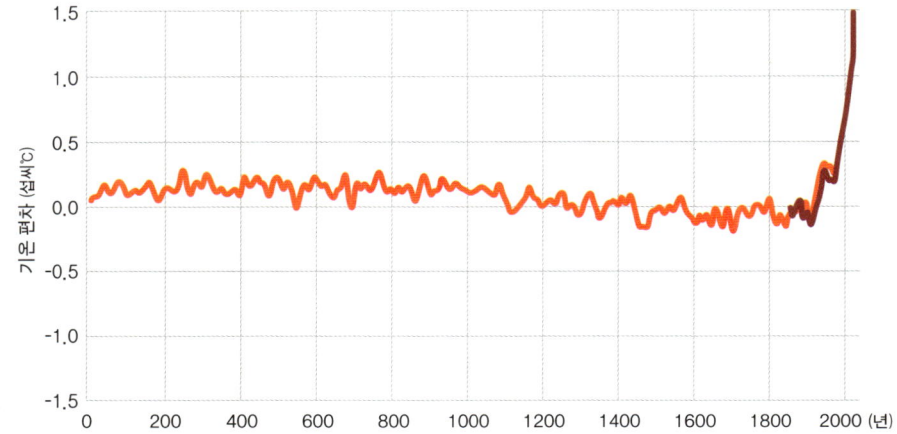

지구의 평균 온도 변화(1850~1900년 평균값을 기준으로 한 편차)

지구 평균 온도는 오랫동안 큰 변화가 없다가 20세기 중반을 지나며 눈에 띄게 증가했다. 이러한 온도 변화의 폭과 증가 속도는 그동안 겪어보지 못한 일이었다. 지구 평균 온도 상승은 그 자체가 기후 변화의 대표적 현상인 동시에 비, 눈, 바람 등에도 변화를 초래한다.

* IPCC 제6차 기후 평가 보고서 그림 SPM.1 자료,
  세계기상기구 전 지구 기후 상태 보고서(2017-2024) 참조.

이전의 지구 온도를 대표하는 기준값으로 설정하고 있다. 그런데 최근 발표한 내용을 보면, 2024년의 평균 기온은 산업화 이전과 대비해서 1.55도 증가한 상태다. 물론 2024년 한 해의 온도 변화만을 바탕으로 기후 변화에서 비롯된 위험을 줄이기 위한 마지노선으로 여겨지는 1.5도 상승폭을 이미 넘었다고 할 수는 없다. 하지만 2024년은 관측이 시작된 이래 가장 더운 해로 나타났을 뿐 아니라, 2024년을 포함한 최근 10년은 기상 측정 이래로 가장 더운 기간으로 기록되었다. 이런 추세가 계속되면 앞으로 30년 이상의 평균값도 1.5도 상승선을 넘을 가능성이 높다.

지구 온도 1~2도 상승이 그렇게 큰일일까?

1.5도는 사실 우리가 느끼기에 그렇게 큰 온도 차이는 아니다. 환절기 아침에는 가디건을 입어도 추웠는데 낮에는 반팔을 입어도 더운 날이 많고, 어제와 오늘의 일 평균 기온이 5도 이상 차이 나는 경우도 많다. 우리가 매일 겪는 날씨는 사시사철 온도 변화의 폭이 심하다. 기후 변화와 관련해서 내가 자주 받는 질문 중 하나가 지구 평균 온도가 1~2도 올라가는 것이 그렇게 큰 문제냐는 것이다.

정답은 '그렇다'이다. 이런 의문을 갖게 되는 이유는 기본적으로 날씨와 기후의 개념이 다르기 때문이다. 날씨는 매일매일 변하는 것이지만, 기후는 몇십 년 동안의 경향성이다. 다시 말해 날씨라는 말은 짧은 기간 동안의 기상 현상을 말할 때 쓰이고, 기후는 최소 몇십 년 단위의 현상을 말할 때 쓰인다.

주식으로 비유를 해보면 이해가 좀 더 쉽다. 어떤 종목의 주가가 어제는 2,500원 올랐는데 오늘은 3,000원 내렸고, 내일은 다시 2,000원 오른다고 치자. 이러한 며칠 동안의 변화만을 가지고 이 주식이 장기적으로 오를지 내릴지를 파악할 수는 없다. 다만 오르락내리락하는 폭이 작거나 큰 경우 그 변동성이 작거나 크다고 이야기할 수 있을 뿐이다. 이처럼 며칠에서 일주일 정도의 기상 상황은 날씨의 영역이다. 날씨의 예측을 일기예보라고도 하는데, 이 말에서 알 수 있듯이 날씨는 하루하루 변하는 온도, 비, 바람, 구름 등의 기상 상황과 그 변화를 의미한다.

반면 어떤 회사의 주식을 구입해서 30년 동안 가지고 있었는데, 그동안 다소 오르락내리락은 있었지만 30년 후에 보니 최종적으로 가격이 올랐다면 우리는 이 주식의 경향성은 오름세였다고 판단한다. 이런 경우가 기후에 비유할 수 있다. 기후는 적어도 몇십 년 동안의 자료에서 나타나는 경향성을 의미하기 때문이다. 지난 몇십 년의 지구 평균 온도 자료가 해마다 오르락내리락거리기는 해도 전체적으로 증가하고 있다면, 지구가 따뜻해지는 경향을 보인다고 할 수 있다. 즉 이번 겨울이 작년보다 추웠다고 해서 지구 온도가 상승하고 있지 않다는 증거가 될 수 없다.

　우리 몸에 비유하면, 지구 온도 1~2도 상승은 겨울철 손난로 사용으로 인해 일시적으로 손이 따뜻해지는 것과는 다르다. 오히려 어떠한 이유로 열이 나서 몸 전체의 온도가 정상 체온에서 벗어나는 경우에 더 가깝다. 정상 체온보다 2도 이상 올라가면 아무리 건강한 어른이라도 몸의 변화를 느끼게 되고, 어린아이들이라면 응급실에 가야 하는 경우도 생긴다. 이처럼 지구 평균 온도 1.5~2도 상승은 기존에 유지되던 지구 상태에 다양한 변화를 가져오기 충분하다.

　그렇다면 지구 온난화가 바로 기후 변화인 것일까? 같은 현상을 지칭하는 단어가 아니라면 서로 어떤 관계가 있는 걸까? 둘은 서로 관련이 깊지만 완전히 동일한 개념은 아니다. 지구 평균 온도가 상승하는 지구 온난화 현상은 기후 변화의 원인이며, 동시에 기후 변화의 대표적 현상 중 하나라고 할 수 있다. 기후는 적어도 몇십 년 단위의 경향성이기 때문에, 이 경향성에 변화가 생겼다는 말은 기상 현상들이 우리가 겪어보지 못한 상태로 변하고 있다는 것을 뜻한다. 온난화로 지구 평균 온도가 상승하면 비, 눈, 바람 등에도 변화가 생기는데, 이런 것들이 모두 기후 변화에 포함된다.

이 글을 쓰고 있는 오늘은 일년 중 낮이 가장 길고 밤이 가장 짧은 하지다. 공식적인 여름의 시작을 알리는 날이기도 하다. TV에서는 다음 주 워싱턴 디시의 온도가 섭씨 38도까지 올라간다는 일기 예보가 나오고 있다. 여름이 시작되자마자 폭염이라니. 자료에 나와 있는 6월의 온도 기록을 확인해보았다. 6월의 지구 평균 온도는 매해 오르고 있어서 작년인 2024년의 6월 평균 온도는 관측 이래 최고치를 기록했다. TV에서 들리는 폭염 예보와 함께 노트북 화면의 지구 온도 기록이 서서히 오버랩되며 그 존재감을 키우기 시작했다.

법과학의 창시자로 불리는 에드몽 로카르는 "모든 접촉은 흔적을 남긴다"고 했다. 데이터에 나와 있는 지구 온도 상승이라는 분명한 흔적에도 당연히 원인이 있다. 바로 지구 에너지 흐름을 조절하는 브로커 중 누군가의 스텝이 꼬여 지구 내에 열에너지가 쌓이고 있기 때문이다. 신상에 변화가 생긴 그 브로커는 바로 탄소다.

견제와 균형

　미국의 수도 워싱턴 디시는 약 230년 전에 만들어진 계획도시다. 서울의 약 4분의 3 정도 크기로 마름모꼴로 생겼다. 도시의 중심 약간 아래쪽으로 대통령의 집무실과 공식 거주지로 사용되는 화이트 하우스, 즉 미국 행정부의 심장인 백악관이 자리하고 있다. 남쪽으로 조금만 더 내려오면 동서로 길게 뻗은 두 개의 큰 길, 컨스티투션Constitution, 헌법 애비뉴와 인디펜던스Independence, 독립 애비뉴가 나온다. 이 사이에 폭이 약 500미터, 길이는 약 3킬로미터에 달하는 커다랗고 반듯하게 뻗은 잔디밭이 있다. 내셔널 몰National Mall이라고 부르는 곳이다. 이곳에는 워싱턴 디시의 주요 명소들이 밀집해 있어서 보통 이곳을 중심으로 관광이 이루어진다.

　내셔널 몰의 서쪽 끝에 미국의 제16대 대통령이자 노예제도 폐

미국의 국회의사당

지를 이끌었던 에이브러햄 링컨의 기념관이 있다. 50개가 넘는 계단을 올라가면 의자에 앉아 있는 모습의 커다란 링컨 조각상이 나온다. 기념관 앞으로는 긴 직사각형 인공 연못이 있는데, 날씨가 맑은 날에는 잔디밭 한가운데 세워진 모뉴먼트가 연못에 반사되어 그림처럼 아름답다. 이 장소는 그 아름다움만큼이나 역사적인 곳이기도 하다. 1963년 마틴 루터 킹 주니어가 "나에게는 꿈이 있습니다"$^{I\ have\ a\ dream}$라며 20만 명 넘게 모인 사람들 앞에서 연설한 곳이 바로 링컨 기념관의 계단이다.

내셔널 몰 잔디밭의 동쪽 끝에는 미국 입법부의 중심인 국회의사당이 있다. 양쪽으로 뻗은 팔처럼 상원과 하원을 나누어 배치한 돔 구조의 국회의사당 건물은 워싱턴 디시의 또 다른 랜드마크다. 재미있는 사실은 워싱턴 디시의 거리 이름이 국회의사당을 중심으로 정해졌다는 것이다. 국회의사당을 기준으로 북동 1번가와 남서 1번가가 시작된다.

흔히 워싱턴 디시라고 하면 대통령이 있는 백악관을 떠올리기 마련이다. 그런데 수도를 설계할 때 지리적 중심을 국회의사당으로 둔 것은, 1776년에 건국된 미국이 민주주의 시스템을 적용할 때 어떠한 점을 중시했는지 엿볼 수 있게 해준다. 바로 견제와 균형$^{Checks\ and\ Balances}$의 원리다. 정부를 이루는 입법·사법·행정의 세 요소

중 어떤 하나라도 비정상적으로 커지는 것을 막기 위한 이 원리는, 미국 헌법을 비롯해 정부 시스템 곳곳에서 발견된다.

그런데 견제와 균형의 원리는 민주주의 정치에서만 중요한 것이 아니다. 자연에서도 균형은 매우 중요한 규칙 중 하나다. 지구 온도 조절에 중요한 역할을 하는 탄소가 자연 안에서 순환할 때도 균형은 어김없이 중요한 원리로 작동해왔다.

탄소 중립

탄소 순환에서 균형의 원리는 평형 혹은 중립 상태의 유지라는 말로 바꾸어서 표현할 수 있다. 이쯤 되면 요즘 누구나 한 번쯤 들어보았을 단어, 바로 탄소 중립이 떠오른다.

대체 탄소가 뭐길래 이렇게 난리인 걸까? 사실 탄소는 우리 주변에서 흔하게 찾을 수 있다. 지금 읽고 있는 책을 만드는 종이의 중요 구성 요소가 바로 탄소다. 이 책을 읽으면서 카페의 나무 의자에 앉아 있다면 거기서도 탄소를 쉽게 발견할 수 있다. 그런데 우리 주변에 널려 있는 이러한 탄소가 탄소 중립에서 이야기하는 대상은 아니다. 탄소 중립이 주목하는 탄소는 특별히 '공기 안에 있는 탄소'다. 우리를 둘러싸고 있는 대기 안에서 탄소는 대부분 양옆에 산소를 두 개 거느리고 있는 이산화탄소^{CO_2}라는 기체 형태로 존재한다. 중립은 어느 편에도 치우치지 않는다는 뜻이므로, 탄소 중립은 대기 안에 있는 이산화탄소의 양이 늘어나지도 줄어들지도 않고 일정하게 유지되는 상태로 이해할 수 있다.

▍탄소 중립과 함께 넷 제로(Net Zero)라는 말도 쓰이는데, 거의 같은 뜻이다. 넷 제로는 모든 종류의 온실가스를 포함하는 조금 더 확장된 개념이다. 넷(net)은 '다른 것이 섞이지 않아 순수하고 온전함'을 뜻한다.

마치 최근에 만들어진 개념처럼 들리지만, 사실 탄소 중립은 지구 입장에서는 전혀 새로운 일이 아니다. 18세기 말 산업 혁명이 일어나기 이전까지 지구가 자연스레 겪어오던 상태이기 때문이다. 산업 혁명 이전에는 대기로 유입되거나 빠져나가는 이산화탄소의 양이 거의 같았기 때문에, 특별한 변화 없이 일정한 비율로 유지되고 있었다. 공기 분자 백만 개당 약 280개의 이산화탄소가 있는 비율로, 지구는 오랫동안 탄소에 대한 중립 상태를 유지하고 있었던 것이다.

▍대기 중 이산화탄소 농도를 표시하는 비율을 ppm(parts per million)이라고 한다.

그런데 지구는 어떻게 중립 상태를 유지할 수 있었을까? 사실 이산화탄소는 끊임없이 대기 안으로 들어오는데 말이다. 인간을 포함한 많은 생물들은 호흡을 통해 공기 중의 산소를 흡수한 후, 이를 이용해 몸속 에너지원을 분해하고 생존에 필요한 에너지를 얻는다. 이때 우리 몸의 세포가 쓸 수 있는 열에너지와 그 부산물인 이산화탄소가 생긴다. 이산화탄소는 생물의 호흡 과정을 통해 공기 중으로 방출된다. 수명을 다한 생물이 죽으면 미생물의 활동을 통해 분해되는데, 이 과정을 통해서도 이산화탄소가 대기로 유입된다. 화산 폭발 등의 비정기적인 자연 현상으로 유입되기도 한다.

    탄소의 평형 상태 유지를 위해서는 계속 대기로 유입되는 이산화탄소를 없애야 한다. 떠올리기 가장 쉬운 방법은 추가로 유입되는 양만큼 그 안에서 바로 없애는 것이다. 그런데 여기서 문제가 하나 있다. 공기 중의 이산화탄소는 너무 안정적이어서, 대기 안의 다른 기체들(대기의 80퍼센트를 차지하는 질소나 우리가 숨 쉬는 데 이용하는 산소 등)과 같은 공간에 섞여 있어도 별다른 반응이 없다. 반응이 없으니 대기 안에서 화학적인 방법으로는 없앨 수가 없고, 또 너무 편안하게 존재하다 보니 머무르는 시간도 길다. 다른 말로 하면 한 번 대기로 방출된 이산화탄소는 그 안에서 없앨 수 있는 방법이 딱히 없다. 안타깝게도 이산화탄소의 양을 조절해 일정 비율로 유지시키는 자체 처리반이 대기 안에는 존재하지 않는다는 뜻이다.

자연의 탄소 처리반

다행히 이 일을 도와줄 수 있는 탄소 처리반 이웃이 있다. 지구는 자체적으로 이산화탄소를 대기 내에서 처리할 수 없다. 그래서 일부를 육지와 바다로 옮겨서 처리하는 지혜로운 방법을 사용하고 있다. 육지와 대기 사이의 이산화탄소는 나무와 풀 같은 땅 위의 식물을 통로 삼아 이동한다. 식물은 공기 중의 탄소를 붙잡아 고정하는 특수 기술을 보유하고 있기 때문이다. 빛을 이용하기 때문에 광합성이라고 불리는 이 기술을 이용해 식물은 이산화탄소를 자신에게 필요한 다른 물질로 바꾼다. 마치 어떤 공장에서는 없애야 할 부산물이 다른 공장에서는 유용한 원료로 사용되는 것과 같다. 이산화탄소는 대기 입장에서는 많아지면 부담스러운 존재이지만, 식물 입장에서는 광합성에 꼭 필요한 재료다. 식물은 잎의 뒷면에 있는 작은 문기공들을 열어 근처 공기에서 이산화탄소를 조달한다. 대기의 이산화탄소 농도가 잎 안의 농도보다 높기 때문에, 기공을 열면 식물의 잎 안으로 이산화탄소가 밀려들어온다.

    대기 안에서는 별다른 반응 없는 이산화탄소가 식물 안으로 들어가면 완전히 달라진다. 식물은 광합성 과정에서 이산화탄소를 해체한 후 6개의 탄소를 하나로 묶어 새로운 물질로 재배열한다. '포도당'이라고 불리는 이 물질은 식물의 기본 에너지원이 된다. 그리고 여분의 포도당은 더 큰 단위로 뭉쳐져 식물 생장에 쓰이거나 뿌리, 열매 등에 저장되어 우리가 먹는 식재료로 바뀌기도 한다. 이

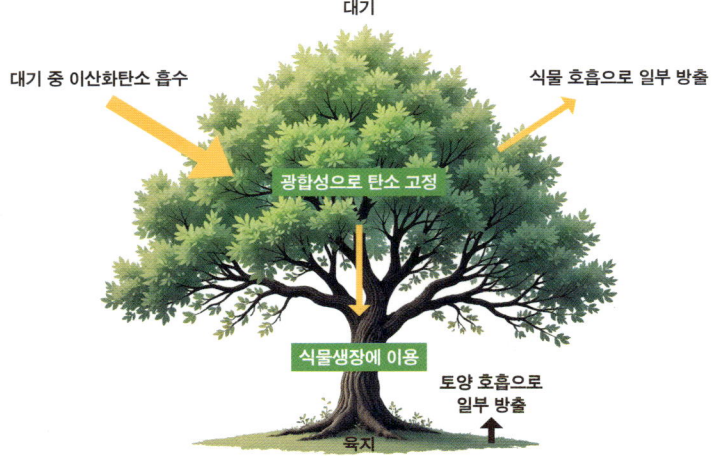

육지식물이 이산화탄소를 흡수하는 원리

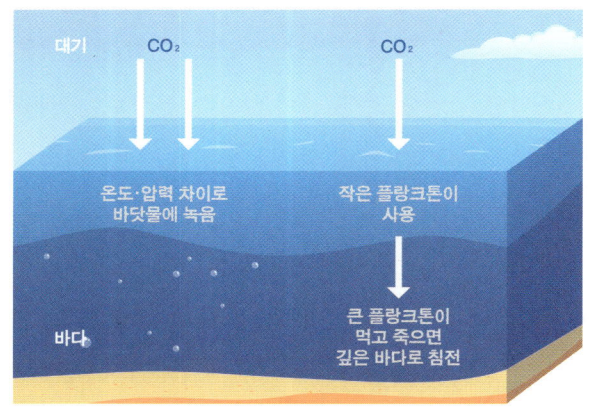

바다가 이산화탄소를 흡수하는 원리

자연적으로 배출되는 이산화탄소를 육지와 바다가 흡수해 처리하는 순환 과정을 통해 지구는 오랫동안 탄소의 균형을 맞춰왔다.

렇게 육지의 식물은 자신에게 필요한 양분을 생산하는 광합성 과정을 통해 이산화탄소 처리반의 역할을 톡톡히 해왔다.

바다와 대기 사이에서도 탄소가 이동한다. 마치 펌프가 가동되는 것처럼 차가운 바닷물로 대기 중의 이산화탄소가 녹아들어간다. 우리가 마시는 탄산수나 소다에 이산화탄소가 녹는 것과 같은 원리다. 이산화탄소 일부는 바다의 식물 플랑크톤이 광합성을 할 때 이용되고, 작은 플랑크톤이 더 큰 플랑크톤의 먹이가 되면서 해양 먹이 사슬에 편입된다. 플랑크톤이 수명을 다해 죽으면 탄소는 침전되어 바다 밑에 저장되기도 한다. 이처럼 바다도 대기의 이산화탄소를 빨아들이는 펌프와 저장장치처럼 탄소 처리반의 역할을 해왔다.

이러한 자연의 능력에 힘입어 대기에 방출되거나 바다와 육지가 흡수하는 이산화탄소의 양은 서로 균형을 이루었고, 덕분에 지구는 오랜 세월 평균 이산화탄소 농도 280ppm을 유지할 수 있었다.

사실 오랫동안 이산화탄소 덕분에 살았다

이산화탄소의 양이 일정하게 유지되는 평형 상태가 중요한 이유는 지구로 들락날락하는 열에너지를 조절하는 자연 속 브로커가 이산화탄소이기 때문이다. 이산화탄소는 광합성의 재료로 사용될 뿐 아니라, 지구의 체온인 평균 온도를 결정하는 중요한 역할을 해왔다.

지구가 받는 태양열이 모두 지표면까지 도달하는 것은 아니다. 지구는 대기라는 옷을 입고 있어서, 지구에 도착한 태양빛의 일부는 대기와 구름에서 반사되어 곧바로 우주 공간으로 되돌아간다. 운 좋게 대기를 뚫고 지표면에 도착한 태양열도 일부가 표면에서 다시 반사되고 나머지만 흡수된다. 태양열을 흡수한 지표면은 달구어져 온도가 올라간다. 더운 여름날 땅이 뜨거워지는 것처럼 말이다. 물론 지구의 입장에서도 계속해서 온도가 높아지면 안 되기 때문에, 일정량의 열을 서늘한 우주로 내보내며 체온을 조절한다.

어떠한 물체가 열에너지를 내보내는 방법은 다양하다. 눈으로 볼 수 있는 빛인 가시광선은 태양처럼 이글이글 불타고 있는 고온의 물체 정도나 되어야 내보낼 수 있다. 그 정도로 온도가 높지 않은 지구는 대부분의 열을 적외선이라는 열에너지 형태로 내보낸다. 적외선은 섭씨 36.5도 안팎의 체온을 유지하고 있는 우리 몸도 항상 내보내는 빛이다. 우리 눈이 감지할 수 있는 빛 중 제일 파장이 긴 빨간색보다도 파장이 더 길다. 그래서 빨간색의 바깥쪽이라는 뜻인 적외선^{赤外線}이라고 불린다.

지구 체온 조절의 미션을 갖고 지표면에서 출발한 적외선 열에너지가 우주로 나가려면 다시 대기를 지나야 한다. 그런데 적외선의 모습으로 나갈 때는 태양빛의 형태로 지구에 들어올 때와는 다른 상황에 마주친다. 적외선은 대기 안의 몇몇 기체가 아주 좋아하는 빛이기 때문이다. 특히 이산화탄소, 메탄, 수증기 등이 적외선을 아주 좋아한다. 편식하는 어린이처럼 입맛 까다로운 이 기체들은 가시광선은 좋아하지 않는다. 그래서 태양빛이 지구로 들어올 때는 그대로 통과시킨다. 반면 좋아하는 주파수를 갖고 있는 적외선 열에너지가 지표면에서 나가려고 할 때는 검문을 하듯 붙잡아서 흡수한다.

적외선을 흡수한 이산화탄소는 에너지가 높아져 진동이 커지거나 심지어 빙글빙글 돌기도 한다. 이렇게 불안정한 상태를 무한정 지속할 수는 없기 때문에, 이산화탄소는 결국 품고 있던 열에너지를 다시 내보내게 된다. 그런데 검문에 걸리지 않았더라면 지표면에서 우주 공간을 향해 직진해 나갔을 적외선은, 이산화탄소에 가로채였다 풀려나면서 원래의 진행 방향을 잊어버리게 된다. 따라서 풀려난 적외선 일부는 양옆 방향으로 나가기도 하고, 심지어 아예 유턴해서 지표면으로 돌아가기도 한다. 지구 입장에서 보면 밖으로 빠져나갔어야 할 열에너지 중 일부가 다시 자신에게 돌아오는 셈이다. 그런 식으로 이산화탄소의 검문에 걸린 열에너지가 우주 공간으로 완전히 빠져나가지 못하고 대기 중에 머무르는 시간이 길어지면 열은 대기 안에 갇히게 된다. 이렇게 대기에서 적외선 검문소의 역할을 하는 이산화탄소를 비롯한 기체에게 마치 온실 같은 효과를 일으킨다고 해서 온실가스라는 이름이 붙었다.

그런데 여기서 간과하기 쉬운 점이 있다. 열에너지가 지구 바깥으로 탈출하는 것을 늦추는 이 온실 효과가 사실은 오랜 세월 지구를 너무 차갑지 않게 유지할 수 있었던 방법이라는 것이다. 과학자들은 대기에 온실가스가 없었다면 우주 공간으로 열을 너무 빨리 빼앗긴 지구의 평균 온도가 영하 이하로 내려갔을 것이고, 따라서 우리가 도저히 살 수 없을 만큼 추웠을 거라고 추측한다. 그러므로 이산화탄소를 포함한 온실가스들은 사실 지구를 인간이 살 만한 곳으로 만들고 지켜오는 데 혁혁한 공을 세워 온 셈이다. 탄소 순환에 적용된 자연의 균형 원리, 그리고 온실 효과가 절묘하게 합쳐진 이 상태가 오랜 세월 쾌적한 온도를 제공해주었다. 이 점에 관해서는 탄소의 공을 인정해주어야 마땅하다.

그런데 요즘 탄소는 이미지를 상당히 구겼다. 온갖 기후 변화 관련 기사에서 빠지지 않고 등장하면서, 졸지에 모든 나쁜 일의 원인인 최종 보스 이미지가 된 것이다. 인간에게 쾌적한 온도를 제공해

주는 일등 공신의 역할을 해오다가 갑자기 악당 취급을 받게 됐으니 명예훼손이라고 따지고 싶을지도 모른다.

  탄소가 악당 취급을 받게 된 이유는 무엇일까? 그것은 산업 혁명 이후 자연의 탄소 순환에서 오랫동안 지켜져온 균형의 원리가 깨졌기 때문이다. 탄소와 지구 온도 상승의 관계를 기록한 자료들을 계속 추적해보면, 아주 익숙한 또 다른 플레이어가 등장한다. 바로 인간이다.

탄소의 죄?

워싱턴 디시에는 백악관, 링컨 기념관, 모뉴먼트와 국회의사당 이외에도 빼놓을 수 없는 볼거리가 더 있다. 내셔널 몰 잔디밭 양쪽으로 줄지어 늘어서 있는 열한 개의 박물관과 미술관이다. 스미소니언재단에서 운영하는 이 박물관들은 누구나 관람할 수 있도록 무료로 개방되어 있다. 최초로 동력 비행에 성공한 라이트 형제가 만든 비행기의 실물부터 미국의 우주 개발 역사까지 한눈에 볼 수 있는 국립 항공우주박물관은, 성수기에는 박물관 입구 밖까지 긴 줄이 늘어서 있기 일쑤다. 물론 미국 화가들의 작품과 커다란 모빌 작품이 인상적인 국립 미술관과, 지구 환경과 생물의 변화에 관한 방대한 유물을 자랑하는 국립 자연사박물관에도 관람객이 끊이지 않는다. 국립 아메리칸인디언박물관에는 원주민과 관련된 세계

각 나라의 물건들을 진열해 놓은 전시 공간이 있는데, 우리에게 익숙한 과자 인디언밥도 있어서 뜻밖의 전시물을 발견하는 소소한 재미도 있다.

이렇게 역사, 문화, 과학기술 등 다양한 분야를 망라하는 스미소니언 박물관 중에서 국립 미국사박물관은 미국의 발전과 변화의 역사를 한눈에 엿볼 수 있는 곳이다. 특히 박물관 1층에 있는 전시관들은 미국 산업 발전의 역사를 보여주는데, 상업의 시대, 기업의 시대, 소비자 시대, 글로벌 시대로 바뀌어 온 미국 경제 발전의 역사를 흥미롭게 재현해놓았다.

1776년 건국 당시 미국은 영토가 크고 자원은 풍부했지만 일할 노동력이 부족했다. 따라서 기계화와 자동화를 통한 산업 발전에 지속적인 관심을 기울였다. 미국은 스코틀랜드에서 개발된 증기기관을 적극적으로 받아들여 18세기 말 유럽에서 시작된 산업 혁명의 대열에 참여하기 시작했다. 미국의 공업 생산력은 남북 전쟁이 끝난 이후부터 20세기 초까지 비약적으로 향상되었는데, 혁신 기술의 발전과 철도를 비롯한 교통수단의 발전이 힘을 보탠 덕분이었다. 또한 이 시기에 도입된 대량 생산 방식은 미국 문화의 상징이 된 자동차 문화를 가

▌포드 시스템이 대표적이다. 포드 자동차의 창시자 헨리 포드의 이름에서 딴 방식으로 제품의 규격화, 생산 수단의 전문화, 컨베이어 시스템의 도입 등이 포함된 개념이다.

국립 미국사박물관

능하게 했고, 1950년대부터 본격적으로 건설된 고속도로는 미국 구석구석을 그물망처럼 연결해 사람과 물자의 이동을 촉진했다. 미국의 자동차 문화는 제2차 세계대전이 끝난 이후 교외 지역으로의 주거지 확장을 가능하게 한 원동력이었다.

산업 혁명과 함께 온 탄소 적체 현상

산업 혁명이 시작된 이후, 서로 시기는 다르지만 우리나라를 비롯한 여러 나라가 미국과 비슷한 과정을 거쳐 산업화와 경제 발전을 이루었다. 산업 활동에 필요한 에너지는 오랜 세월 땅속에 묻혀 화석 상태로 변해 있던 탄소 화합물들을 태워 대량으로 얻을 수 있었다. 화석 연료라고 부르는 석탄, 석유, 가스가 대표적이다. 이 탄소 화합물들이 공기 중의 산소와 결합하고 타는 과정에서 발생하는 에너지를 이용해 공장을 가동하고, 집을 따뜻하게 하고, 자동차의 엔진을 움직이며, 발전소의 터빈을 돌려 전기를 생산해왔다.

그런데 예상하지 못한 문제가 생겼다. 화석 연료의 탄소가 산소와 합쳐지는 과정에서 부산물로 이산화탄소가 생겨났고, 오랜 세월 지구가 유지해오던 탄소 중립 상태에 영향을 주게 된 것이다. 석탄과 석유에 있는 탄소는 인류 역사가 시작하기도 전에 살던 동식물들이 죽은 뒤 땅속 깊숙이 묻혀 큰 압력과 열을 받아 고체나 액체로 변한 탄소다. 그러니 화석 연료를 태우는 과정은 마치 자동차가 고속도로에서 갓길을 통해 추월하는 것처럼, 자연에는 존재하지 않았던 탄소 배출의 갓길을 새로 만든 것과 같았다. 이 경로를 통해 자연의 계산에는 없던 상당한 양의 탄소들이 추가로 대기에 유입되기 시작했다. 화석 연료를 이용하는 발전소와 공장의 굴뚝, 자동차의 배기가스 파이프를 통해 우리가 인식하지 못하는 사이 이산화탄소는 대기로 계속 방출되어왔다.

인간의 활동으로 인해 추가 배출된 이산화탄소를 처리하기 위해 땅과 바다의 처리반들은 더 바빠졌다. 추가로 배출된 이산화탄소 중 약 4분의 1은 바다가 흡수하고, 또 다른 4분의 1은 땅 위에 있는 식물들이 광합성을 통해 흡수하고 있다. 그런데 공장을 가동할 때 원료가 갑자기 많이 들어와도 다른 재료의 공급량과 공장 설비의 한계 때문에 제품의 생산을 무한하게 늘릴 수 없는 것처럼, 육지와 바다도 공기 중에 늘어난 이산화탄소를 무제한으로 처리할 수는 없었다.

자연의 처리반들이 해결할 수 있는 양보다 더 많은 이산화탄소가 계속해서 배출되는 바람에 바다와 육지가 흡수하지 못한 여분의 이산화탄소가 적체 현상을 일으키며 차곡차곡 대기 안에 쌓이기 시작했다. 결국 지구가 유지해 오던 탄소 중립 상태가 깨져 대기 중의 이산화탄소 농도가 증가했고, 지구의 탄소 순환과 에너지 균형은 새로운 국면을 맞이하게 되었다.

열에너지 검문소가 늘어날수록 지구 온도도 올라간다

지구에서 탈출하는 적외선 열에너지 입장에서 이산화탄소 개수가 늘어난 새로운 상태는 무엇을 의미할까? 앞서 살펴보았듯이, 산업 혁명 이전의 대기에는 이산화탄소를 포함한 온실가스들이 항상 280ppm이라는 일정한 양으로 존재했다. 덕분에 지구에서 우주 공간으로 나가는 열에너지의 양이 일정했고, 지구로 들어오는 태양열과 상쇄되어 지구는 쾌적한 온도를 유지할 수 있었다. 대기에 이산화탄소 양이 늘어나 평균 농도가 280ppm보다 높아지는 상황은, 예전에 없던 곳에 적외선 검문소가 추가로 빽빽하게 들어서는 것과 같다. 지표면에서 출발한 적외선이 대기를 통과하면서 이산화탄소에 한 번 붙잡혔다가 풀려난 후, 우주 공간으로 나가기 전 또 다른 이산화탄소에 붙잡힐 확률이 높아진 것이다. 약속 장소로 가는 중에 아는 사람들을 많이 만나 계속 인사를 나누다보면 길에서 보내는 시간이 길어지는 것처럼, 지표면에서 출발한 적외선이 대기에 머무는 시간이 길어지게 된다.

열을 품고 있는 적외선이 우주로 나가기 전 지구에 더 머물게 되면 더 많은 열을 가두는 효과를 불러일으키고, 따라서 지구 온도가 올라가기 시작한다. 원래 자연에 있었던 온실가스들에 더해 인간의 활동으로 새로 유입된 이산화탄소까지 적외선 검문과 흡수에 동참하면서 추가로 보온 효과가 생긴 것이다. 이것이 지구 평균 온도 상승, 즉 지구 온난화 현상의 핵심 원인이다.

대기의 이산화탄소 농도는 실제로 증가하고 있을까?

그런데 이산화탄소는 색깔이 없어 눈에 보이지 않고 냄새도 나지 않는다. 그래서 이산화탄소가 증가했음을 쉽게 실감할 수 없다. 산업 혁명 이후 대기 속 이산화탄소 증가는 실제로 관측되고 있는 팩트일까? 이 무색무취의 기체가 증가하고 있다는 사실은 어떻게 알 수 있을까?

기준값이 되는 산업 혁명 이전 대기 중의 이산화탄소 양은 극지방에 존재하는 오래된 얼음을 통해 알 수 있다. 얼음에 기다란 원통형 구멍을 뚫어 채취한 샘플을 분석해서 정보를 얻는데, 이를 빙하 코어 혹은 아이스 코어라고 부른다. 인간의 발길이 거의 미치지 않았던 극지방의 얼음은, 과거에 내린 눈이 차곡차곡 쌓여 만들어지기 때문에 특정 시간의 공기 성분도 고스란히 간직하고 있다. 이를 통해 과거의 대기 성분을 알 수 있다. 물론 극지방이라는 좁은 지역의 얼음에서 얻는 자료이지만, 이산화탄소는 대기 안에서 균일하게 잘 섞여 있다는 특징이 있다. 그래서 지구 어디를 가든 평균 농도가 2퍼센트 이상 차이 나지 않는다. 이를 감안하면, 위성 자료나 지상 관측 자료가 없던 먼 과거의 이산화탄소 농도를 파악하는 자료로 이만한 방법이 없다. 280ppm이라는 과거 지구의 이산화탄소 농도는 과학자들이 아이스코어 샘플 분석을 통해 얻어낸 것이다.

과거의 이산화탄소 농도를 알게 됐다면 최근의 이산화탄소 농도도 알아야 한다. 사람들은 언제 이산화탄소 농도를 재기 시작했을까? 지상에서 이산화탄소의 농도를 재는 일은 1958년 미국 하와이주 빅아일랜드섬의 마우나로아산 관측소에서 본격적으로 시작되었다. 현재까지도 이어지고 있는 이 관측은 대기 중의 이산화탄소 농도를 직접 잰 것으로는 가장 오래되고 긴 관측 기록이다. 동일한 장소에서 60년 넘는 기간 동안 이산화탄소 양의 변화를 꾸준히 기록한 이 자료는, 지난 몇십 년 동안 대기 중의 이산화탄소 농도가 가파른 폭으로 증가해왔음을 여실히 보여준다.

산업 혁명 이전 이산화탄소 농도는 약 280ppm이었지만, 지난 200년 동안 추가로 대기에 쌓인 양이 더해져 지금은 400ppm이 넘는다. 미국 국립해양대기청의 자료에 따르면 2024년의 지구 평균

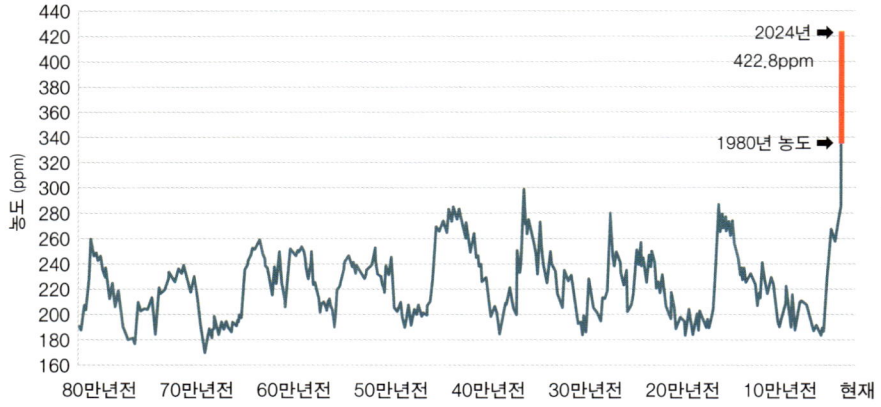

대기 안의 이산화탄소 농도 변화

대기 속의 이산화탄소 개수는 몇십만 년 동안 최고 농도 300ppm을 넘지 않고 균형을 유지해 왔다. 하지만 산업 혁명 이후 대기로 배출된 탄소의 양이 너무 많아 더이상 자연은 균형을 이루지 못하게 되었다. 차곡차곡 대기에 쌓인 이산화탄소 농도는 현재 400ppm을 훌쩍 넘긴 상태다. 대기에 늘어난 이산화탄소는 우주로 내보내야하는 열을 추가로 붙잡아 마치 지구가 덮은 이불이 두꺼워지는 듯한 효과를 만들어내고 있다.

*미국 국립해양대기청 이산화탄소 농도 자료, 아이스코어 이산화탄소 농도 자료 Lüthi et al.(2008) 참조.

이산화탄소 농도는 423ppm에 육박한다.❙ 지구의 역사에서 200년은 매우 짧은 시간인데, 이 짧은 시간 동안 대략 1.5배 증가한 셈이다. 증가하는 양뿐 아니라 속도도 눈여겨볼 만하다. 산업 혁명이 시작된 시점을 1850년으로 잡으면, 280ppm이었던 이산화탄소 농도는 본격적으로 관측이 시작된 1958년까지 100년 동안 약 40ppm 정도 증가했다고 추측할 수 있다. 그런데 1960년대부터 현재까지 관측한 기록을 살펴보면, 약 60년 동안 증가한 양이 100ppm 이상이다. 이산화탄소가 시간이 지날수록 가속이 붙어 더 빨리 증가해왔음을 의미한다. 인구 증가와 경제 발전으로 필요한 에너지의 양이 급증했다. 당연히 화석 연료를 더 많이 사용함에 따라 화석 연료의 부산물인 이산화탄소 배출량이 가파르게 상승해왔다는 것을 극명하게 보여준다. 짧은 기간에 급하게 증가한 이산화탄소 농도는 앞서 지구 평균 온도 상승 그래프에서 살펴본 하키 스틱 모양의 온도 증가와 매우 닮았다.

❙ 우리나라의 국립기상과학원의 '2024 지구대기감시 보고서'에 따르면 안면도에서 관측한 이산화탄소 농도는 430.7ppm이었다. 이는 관측 이래 최고치다. 이산화탄소뿐만 아니라 메탄, 이산화질소 등 다른 온실가스의 농도도 역대 최고치를 경신했다.

하와이 관측소를 포함해 지구 곳곳의 관측소에서 보내는 이산화탄소 측정 자료는 모두 비슷한 증가 패턴을 보이고 있다. 지구 위를 돌며 더 넓은 지역을 모니터링하는 위성 자료, 예를 들어

NASA의 탄소 관측 위성이 보내오는 자료들도 모두 매년 대기 속 이산화탄소 양이 늘어나고 있음을 나타낸다.

 하와이 관측소의 이산화탄소 기록에서는 오랜 세월 한곳에서 묵묵히 기록한 자료가 주는 무언의 힘이 느껴진다. 화려한 수사나 복잡한 설명 없이도 인류가 자연의 탄소 순환과 지구의 평균 온도 변화에 끼친 영향을 기록 하나로 보여주기 때문이다. 견제와 균형의 원칙이 깨지면 민주주의가 위협받는 것처럼, 인간이 깬 자연의 탄소 중립은 지구 환경 곳곳의 균형을 무너뜨리기 시작했다. 그 변화는 생태계 여러 곳에서 이미 나타나고 있다.

예정에 없었던 우회

"여기 산불 때문에 완전 난리야. 비행기 뜨나 잘 보고 와."

한국에서 연말 휴가를 보낸 후 LA에 들러 동생을 만나고 워싱턴 디시로 돌아갈 계획이었다. LA에 걷잡을 수 없이 크게 번진 산불 때문에 어떻게 해야 좋을지 고민 중이던 차에 동생에게서 메시지가 왔다.

"한국 뉴스에도 LA 산불 소식 나왔어. 완전히 전소된 지역도 있던데."

"지금 샌타모니카에는 대피 명령도 내렸어."

"맙소사. 너희 동네는 괜찮아?"

"우리 동네는 괜찮은데 뉴스 보면 너무 무서워. 우리도 짐 싸놓으려고. 무슨 일 생기면 바로 나가야 하니까."

"내 친구들도 너희 괜찮냐고 물어보더라. 공기도 안 좋은 거 아니야?"

"어젯밤은 여기도 공기가 안 좋았는데 오늘은 다행히 좀 괜찮아. 바람 방향 바뀔 때마다 변하나 봐. 바람이 약해져도 재가 퍼져서 문제래. 어쨌든 한참은 산불 때문에 난리일 거야."

동생 가족은 만일을 대비해 짐을 싸고 있었다. 나는 결국 비행기 표를 바꿔 동생을 만나지 못하고 워싱턴 디시로 돌아와야 했다. 기후 변화의 영향이 평화로웠던 일상의 흐름을 깨뜨리고 있었다.

2025년 연초부터 뉴스를 장식한 LA 산불은 완전히 진화되는 데 3주 이상의 시간이 걸렸다. 일곱 개의 산불이 동시다발적으로 발생해 20만 명 이상의 주민에게 대피 명령이 내려졌다. 해안가의 아름다운 거주지들이 불에 탔고, 2만 채 가까운 주택과 시설물이 피해를 입었다. 몸만 빠져나왔다가 산불 진화 후 완전히 전소된 집이나 불에 탄 세간살이를 마주하고 망연자실하는 사람들의 모습이 연일 보도되곤 했다. LA 지역의 연구소와 협업하는 동료 말에 따르면, 그 연구소에서 일하는 사람 중에도 산불로 집을 잃은 사람이 여러 명이라고 했다. 사망자가 30명 가까이 나올 정도로 인명 피해도 컸다. 이 산불로 LA를 포함한 남캘리포니아 지역이 입은 총 피해 면적은 서울 면적의 약 40%에 해당하는 230제곱킬로미터로 추산된다.

최근 들어 호주와 유럽, 남미, 아시아에서 산불 피해 면적이 증가하고 있다. 또한 산불의 강도가 세지고, 특히 대형 산불이 늘고 있는데, 이는 산불의 피해 규모 역시 커지고 있다는 뜻이다. 미국의 경우도 마찬가지이며, 미국의 북쪽으로 국경을 이웃한 캐나다도 대형 산불이 빈번하게 일어나고 있다. 잦은 산불로 유명한 호주 역시 대형 산불이 자주 발생하고 있다.

2019~2020년에 걸쳐 발생한 호주 산불은 작은 관목이 많은 이 지역의 특성상 동시다발적으로 계속 발생해 완전히 진화하는 데 거의 1년이라는 시간이 걸렸다. 2025년 봄, 우리나라 경북 의성과 경남 산청 등 남부 지방에 동시다발적으로 발생한 산불도 역대 최대 규모로 기록되었다.

기후 변화와 산불

산불은 기후 변화와 어떻게 연관되어 있을까? 산불의 강도가 세지고 대형 산불이 증가하는 데는 복합적인 요인들이 작용할 수 있기 때문에 깐깐히 따져봐야 한다. 천연의 상태로 빽빽하고 울창하게 자란 침엽수림을 예로 들면, 산불 발생 시 나무들이 연료로 작용해 더 세고 큰 산불이 될 수 있다. 이런 경우, 산불에 영향을 주지만 기후 변화와 직접적인 연관은 없다. 또한 산불의 발화원 역시 여러 경우가 있다. 담뱃불이나 캠핑 같은 인간 활동으로 시작되기도 하고, 일부 지역에서는 생계를 위해 숲에 불을 내 태우고 그 자리에 농사를 짓는 일, 즉 화전으로부터 산불이 시작되기도 한다. 자연 발화로도 발생하는데, 특히 북반구의 큰 숲에서는 번개가 치면서 마른 나무에 불이 붙어 시작되는 경우도 있다.

하지만 한번 불이 시작되면, 그때부터는 대기의 온도와 건조 상태, 바람의 세기, 산불의 연료가 되는 나무의 상태 등이 산불의 확산 속도와 규모를 결정한다. 산불이 발생한 지역에 비가 내리는 시점과 강수량은 산불 진화에 결정적인 요소이기도 하다. 이렇게 대기의 조건은 산불의 지속과 피해 규모에 많은 영향을 끼치는데, 기후 변화는 대기 안에서 일어나는 여러 기상 현상의 변화를 초래함으로서 산불에 악영향을 미친다.

기후 변화로 기온이 오르고 대기가 불안정해지며 바람이 세게 불 가능성이 높아지면, 따뜻하고 건조한 바람이 산불의 확산을 가속화할 가능성 또한 커진다. 동생과의 상봉을 방해한 2025년 LA 산불도 건조한 대기와 최대 시속 100킬로미터가 넘는 강한 바람으로 인해 초기에 진화되지 못하고 급격히 확산되었다.

2023년에는 캐나다에서 발생한 산불로 무려 1,000킬로미터 이상 떨어진 워싱턴 디시의 하늘도 뿌옇게 된 적이 있었다. 7개월 동안 지속되며 대한민국 영토보다 더 넓은 지역(약 15만 제곱킬로미터)을 태운 이 산불의 원인으로는 다른 해보다 높았던 기온이 지목된다. 산불이 집중적으로 일어나는 계절의 온도가 예년 평균 온도보다 2.2도나 높았기 때문이다.

2025년 봄에 우리나라에서 일어난 산불도 강풍을 타고 손쓸 수 없을 정도로 급속도로 확산되었는데, 강한 풍속과 예년보다 높은 기온, 그리고 건조한 대기가 산불 확산에 유리한 조건을 제공했다.

산불 발생 당시의 기상 상태뿐만 아니라, 그 이전의 기상 조건도 산불에 중요한 영향을 미친다. LA 산불의 발생 전년도인 2024년 여름에는 이 지역에 기록적인 폭염이 발생했고, 산불이 발생하기 직전까지 약 8개월 동안 내린 비의 양이 다른 해보다 훨씬 적었다. 평년 강수량의 10퍼센트도 되지 않았다. 산불의 연료가 되는 나무들이 바짝 마른 채 타기 좋은 장작이 되어 있던 것이다. LA를 포함한 미국 서부는 원래부터 건조한 사막 지역인데, 엎친 데 덮친 격으로 기후 변화로 기온이 높아지며 나무들이 더욱 건조해졌다.

이로 인해 지난 30년간 미국 서부의 산불 영향 면적은 두 배나 증가했다. 2023년의 캐나다 역시 그 이전의 30년을 통틀어 가장 덥고 건조했다. 이런 조건에서는 불이 더 빨리 번지게 되고, 당연히 대형 산불의 가능성도 크게 증가한다. 2019~2020년 발생한 호주 산불도 몇 년에 걸쳐 지속되었던 심각한 가뭄이 원인으로 지목된다.

대형 산불은 인명 피해와 직결되는 것은 물론, 주택 등 재산의 손실뿐 아니라 그 지역의 사회기반시설과 비즈니스에도 피해를 준다. 또한 대기의 질에도 영향을 주어 취약층에게 호흡기 질환을 유발하기도 한다. 산불로 수많은 멸종 위기 동식물들이 삶의 터전을 잃는 것은 물론이다. 이렇게 산불로 피해를 입은 숲과 자연 생태계를 복구하는 데는 짧게는 몇 년에서 몇십 년의 상당한 기간이 소요된다.

산불이 거꾸로 기후에 영향을 주기도 한다. 숲의 나무들이 타는 과정에서 이산화탄소를 발생시키기 때문이다. 2023년 캐나다 산불로 발생한 탄소 배출량은 우리나라가 일 년간 배출하는 양과 비슷한 규모였다. 다르게 말하자면 이 산불로 발생된 이산화탄소의 양은 전 세계에서 매년 발생하는 이산화탄소의 약 1.2퍼센트와 맞먹었다. 뿐만 아니라 대규모 산불로 숲의 나무가 타서 없어지면 그 지역의 탄소 흡수 능력도 감소돼 장기적으로 탄소의 순환에 영향을 미칠 수 있다.

기후 변화에 반응하는 육지 생태계

대표적인 예로 산불을 살펴보았지만, 사실 기후 변화가 육지 생태계에 미치는 영향은 훨씬 광범위하다. 온도 상승은 꽃의 개화 날짜에도 영향을 미친다.

벚꽃의 개화 시기에 대한 가장 오래된 기록은 일본에 있다. 일본인들은 무려 천년이 넘는 기간 동안 교토의 벚꽃 만개일 날짜를 기록해왔다. 천년 가까운 긴 시간 동안 벚꽃의 만개일은 4월 15일 안팎에 머물렀는데, 1900년대 후반부터 이 날짜가 점점 앞당겨지기 시작했다. 2000년대 들어와서는 3월 말까지 앞당겨졌고, 2023년에는 기록상 가장 빠른 3월 24일에 벚꽃이 만개했다. 기후 변화로 인한 온도 상승에 육지 생태계가 반응하고 있다는 것을 실제로 보여주는 자료다.

꽃이 피는 시기가 앞당겨지는 것과 마찬가지로, 봄철에 나무가 새잎을 틔우는 시기도 앞당겨지고 있다. 나무가 생장할 수 있는 날짜가 길어지면 좋은 것이 아니냐는 생각이 들 수도 있다. 하지만 나무가 잎을 일찍 피우고 낙엽이 떨어지는 가을이 점점 늦어지면, 낙엽을 떨어뜨리고 쉬어야 하는 낙엽수들의 건강이 위협받는다. 반대로 기온이 쌀쌀해지는 시기가 늦어지면서 가을 특정 시기에만 가능한 송이나 능이버섯의 채취가 1~2주씩 늦어지기도 한다.

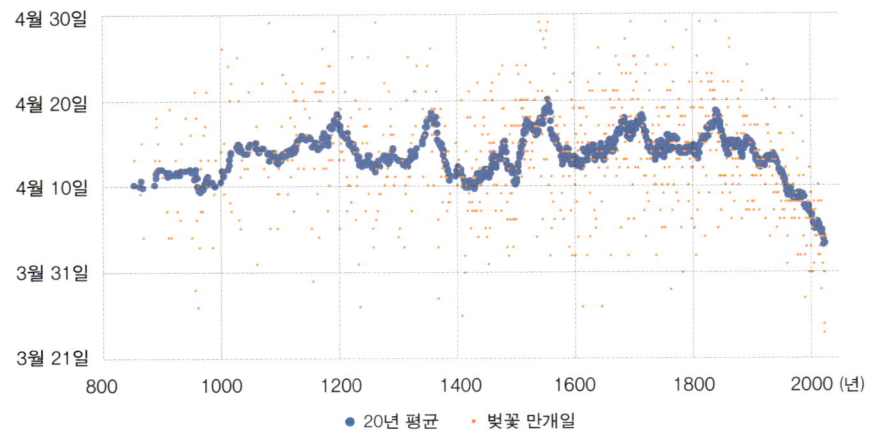

일본 교토의 벚꽃 만개일

벚꽃으로 유명한 일본의 교토에서는 벚꽃이 만개하는 날짜를 천년 이상 기록해 오고 있다. 최근 몇십 년간 벚꽃의 만개일이 빨라지는 추세를 보이고 있는데, 지구 온도 상승에 생태계가 반응하고 있음을 보여주는 좋은 예다. 서울의 벚꽃도 지난 2021년에는 3월 24일에 개화하며 관측 사상 가장 이른 시점을 기록했다.

＊Yasuyuki Acno(2021, 2025) 참조.

심지어 온도가 올라가면서 기존의 나무가 새로운 환경에 적응하지 못해 숲을 이루는 나무의 종류가 바뀌는 경우도 생기는데, 이로 인해 생물의 다양성도 영향을 받고 있다.

 육지 생태계가 기후 변화로 받는 영향은 광범위하다. 온도 변화와 강수 패턴의 변화는 육지 식물의 탄소 처리 능력에까지 영향을 미친다. 즉, 기후 변화로 인해 식물의 탄소 흡수 능력이 떨어져 이산화탄소를 포집하는 흡수원으로의 역할을 제대로 하지 못하는 악순환이 발생할 가능성도 있다는 것이다.

 항상 얼어 있는 극지방의 영구 동토층의 변화도 기후 과학자들의 관심사다. 지구 온도가 상승하면 영구 동토층이 녹아 그 안에 갇혀 있던 온실가스인 메탄이 방출될 수도 있기 때문이다. 탄소 하나에 수소 네 개가 붙은 화합물인 메탄^{CH_4}은, 이산화탄소보다 훨씬 강력한 열에너지 검문소다. 대기로 방출된 메탄의 적외선 흡수 능력은 100년을 기준으로 할 경우 이산화탄소의 28배, 20년을 기준으로 하면 약 80배나 더 강력하다.[ ] 다만 이미 대기 안에 존재하는 메탄의 양과 함께 고려해야 지구 온난화 전체에 기여하는 정도를 평가할 수 있기 때문에 전체적인 비율은 여전히

> [ ] 지구온난화지수(GWP)는 이산화탄소를 기준으로 다른 온실가스는 얼마나 지구온난화의 악화에 기여하는지를 수치화하는 지표다. 100년을 기준으로 할 때 이산화탄소가 1이라면, 메탄은 28, 아산화질소는 273, 육불화황은 무려 24,300에 달한다.

예정에 없었던 우회

이산화탄소가 가장 크다. 그 다음이 바로 메탄이다. 대기 중에 존재하는 절대량은 이산화탄소와 비교되지 않을 만큼 적지만, 메탄의 열에너지 검문 능력은 이산화탄소보다 훨씬 크다. 영구 동토층이 녹아 추가로 방출된 메탄으로 지구 온난화가 가속화되는 상황을 우려하는 사람이 많은 이유다.

거실 유리창 밖으로 내려다보이는 워싱턴 디시의 전경에서 유독 제퍼슨 기념관이 눈에 들어온다. 벚나무가 빽빽하게 심어져 있어 매년 성대한 벚꽃 축제가 열리는 곳이다. 아마 저 벚나무들도 교토의 벚나무들처럼 기후의 변화를 체감하고 있을 것이다. 기후변화에 반응하는 땅의 생물들이 만드는 흔적이 저곳에서도 기록되고 있으리라.

변화하는 기후가 육상 생태계에만 영향을 주는 것이 아니라는 사실은 누구나 쉽게 짐작할 수 있다. 지구 표면의 약 71퍼센트를 차지하는 곳, 바다 역시 그 영향을 크게 받고 있다.

아름다운 바다

　이모와 사촌동생이 일본 여행을 간다고 하기에 따라 나섰다. 일본에는 가본 적이 없어서 기회가 되면 꼭 한번 여행해보고 싶었던 차였다. 행선지는 일본 남쪽의 커다란 섬 오키나와. 본토 방문을 못 하는 게 조금 아쉽긴 했지만, 새로운 곳으로의 여행은 그 자체로 설레는 법이다.

　11월의 오키나와는 마치 제주도처럼 포근했다. 오키나와는 원래 그 섬에 살고 있던 원주민들의 문화와 일본 본토 문화가 혼재되어 있다. 게다가 특유의 지정학적 중요성 때문에 제2차 세계대전 이후 미군이 주둔하고 있어 미국 문화도 섞여 있다. 그 다양성 덕분에 오키나와는 더욱 이국적이고 독특한 분위기를 갖고 있다.

　오키나와 여행에서 절대 빠뜨릴 수 없는 곳 중 하나가 고래상어

츄라우미 수족관의 고래상어

고래상어는 현존하는 어류 중 가장 큰 종으로, 수온 상승으로 인해 서식지가 북상하고 있다. 그런데 미래 서식지가 대형 선박의 이동 경로와 많이 겹친다. 따라서 고래상어와 선박의 충돌 위험이 최대 15,000배까지 높아질 전망이다. 멸종위기인 고래상어를 비롯한 해양 생물들이 기후 변화로 인해 받을 수 있는 위험 요소는 이처럼 다양하다.

가 있는 수족관이다. 몸집이 집채만한 범고래는 본 적 있지만 고래상어는 처음이라 호기심이 생겼다.

수족관의 이름은 '츄라우미'^{美ら海}. 오키나와어로 '츄라'^{美ら}는 '아름다운'을, 일본어로 '우미'^{海}는 '바다'를 뜻한다. 즉 '츄라우미'는 '아름다운 바다'라는 뜻이다. 이 이름에 걸맞게 츄라우미 수족관은 그림같이 아름다운 바닷가에 면해 있다. 수족관이라는 이름 때문에 건물만 하나 덩그러니 있을 것 같지만 사실 테마파크처럼 잘 조성된 곳이다. 입구에서 수족관 건물로 가는 길도 꽃과 물고기 모양 조각으로 예쁘게 꾸며놓았다.

츄라우미 수족관의 하이라이트는 단연 간판 스타 고래상어가 있는 대형 수조다. 마치 영화관에 들어온 듯한 어두운 실내의 커다란 유리벽 너머로, 사람보다 열 배 이상 큰 몸집의 고래상어가 다른 물고기들과 유유히 헤엄치고 있었다. 아이들은 물론 어른들도 수조 앞에서 눈을 뗄 수 없었다.

이곳에는 고래상어가 있는 수조 외에도 다른 볼거리들이 많다. 신기하게 생긴 심해어들을 전시하는 공간도 있고, 바다소로 불리는 매너티가 있는 수조도 있다. 둥근 꼬리 때문에 전설 속 인어로 오인되기도 했다는 매너티는 물속에서 한가로이 누워 긴 지느러미처럼 생긴 두 팔로 양배추를 먹고 있었다. 약 80여 종으로 이루

백화 현상으로 하얗게 변해버린 산호초

어진 산호 군락을 전시하는 수조도 있는데, 수족관에 면한 바다에서 해수를 공급받고 태양빛도 바로 받을 수 있도록 환경을 잘 조성해놓았다.

형형색색의 산호가 이렇게 수족관에 다양하게 있는 것도 신기했지만, 한편으로는 이들의 미래가 어떻게 될지 궁금했다. 기후 변화로 바다 온도가 상승하면서 직격탄을 맞고 있는 해양 생물 중 하나가 바로 산호이기 때문이다.

바닷물의 온도 상승으로 스트레스를 받아 산호가 하얗게 변하는 백화 현상은 더 자주 심하게 일어나고 있다. 몇몇 민감한 종은 백화 현상을 이겨내지 못하고 그대로 죽기도 한다.

2017년 페르시아만의 수온이 2도 가까이 상승했는데, 이때 이 지역 산호의 90퍼센트 이상이 백화 현상을 겪었고, 절반 이상이 폐사했다. 산호가 스트레스를 받는 온도가 두 달 가까이 지속됐고, 그중 2주는 산호의 생존에 치명적일 정도로 수온이 높았기 때문이다. 아름다운 산호들이 기후 변화라는 새로운 환경 앞에 새하얗게 질리고 있다.

더워지는 바다

해수 온도 상승은 기후 변화와 맞물려 일어나는 가장 중요한 현상 중 하나다. 산업 혁명 이후 대기 안의 이산화탄소 양이 늘어나면서 지구에 쌓인 열에너지 대부분(약 90% 이상)이 바다로 흡수되고 있다. 바다는 지구 전체 물의 97%에 해당할 정도로 엄청난 부피를 갖고 있어 많은 양의 열에너지를 흡수해 저장할 수 있기 때문이다. 천천히 데워지는 물의 특성상 바다는 그동안 묵묵히 지구에 추가로 쌓인 열에너지를 흡수해왔고, 그만큼 점점 더 따뜻해지고 있다. 이는 세계 곳곳에서 확인이 가능하다.

대표적인 지역이 바로 지중해다. 대서양과 연결된 지브롤터 해협을 빼면 거의 육지로 둘러싸인 지중해는, 기후 변화에 특히 취약한 핫스팟으로 꼽힌다. 2025년 6월 지중해의 바다 표면 수온은 같은 시기의 예년 평균치보다 약 3도 이상 높은 온도를 나타냈다. 심지어 일부 지점에서는 5도 이상 상승하기도 했다. 바다에 폭염이 나타나는 현상, 이른바 '해양 폭염'marine heatwave을 겪은 것이다. 수온 상승은 지중해만의 일이 아니다. 2025년 7월 초 우리나라 동해와 남해의 바다 표면 온도는 평년 같은 기간보다 2~4도 가량 높았다.

바다의 온도 변화는 왜 중요할까? 바로 수온 상승이 다양한 기후 변화 현상과 그에 따른 영향을 불러일으키는 핵심 고리이기 때문이다. 수온 상승은 해양 생태계에 부담을 주고, 해수면 상승의 원인이 될 뿐만 아니라, 우리가 일상적으로 접하는 날씨에도 변화를 일으킨다.

바다를 집으로 삼아 살아가는 많은 해양 생물들에게 수온의 변화는 서식 환경의 변화를 의미한다. 이미 몇몇 물고기의 서식지가 극지방 쪽으로 옮겨가고 있다.❙ 노르웨이의 최북단인 북위 70도 근처에서 잡히는 어종의 수는 지난 20여 년간 대여섯 종에서 열다섯 종으로 늘어났다. 바다 온도 상승으로 인한 어종의 북상을 보여주는 예다.

❙ 우리나라의 연근해에서는 주요 난류성 어종인 삼치 어장이 북상하며 확장되고 있다. 제주 연안에 출현하는 아열대 어종은 종수와 개체 수가 모두 증가하는 추세다. 한국인이 특히 사랑하는 명태는 더이상 동해에서 잡히지 않고, 제주에서 잡히던 방어는 이제 동해에서 잡힌다.

수온 상승은 물고기의 호흡에 꼭 필요한 산소의 양에도 영향을 미친다. 바닷물의 온도가 올라가면 물속에 산소가 충분히 녹아들 수 없기 때문이다.

바닷물은 깊이에 따라 온도가 다르다. 표면 수온이 상승하면 밀도가 낮아진 위쪽의 바닷물은 더 안정적인 상태가 되는데, 그러면 아래쪽에 있는 차가운 바닷물과 쉽게 섞이지 않게 된다. 위아래로의 바닷물 이동이 줄어들면 해수면 근처의 물고기들이 차가운 바닷물에 더 풍부하게 녹아 있는 산소와 영양분 공급에 어려움을 겪게 된다.

수온 상승과 더불어 추가로 배출된 이산화탄소를 바다가 계속 흡수해야 하는 것도 해양 생태계에 부담이다. 물에 녹은 이산화탄소를 탄산carbonic acid이라고 부르는데, 탄산은 약한 산성을 갖고 있어서 이산화탄소가 계속 바닷물에 녹아들어가면 바다의 산성도가 높아진다. 산성에 취약한 껍데기를 가진 조개류는 바다의 산성화에 특히 민감하다. 딱딱한 껍데기를 이루고 있는 석회질은 산성과 정반대인 염기성이라서, 바닷물의 산성도가 높아지면 조개 껍데기가 녹아서 얇아진다. 얇아진 껍데기는 조개의 안전과 생존에 직접적인 위협이 된다. 게다가 서식지를 옮길 수 있는 물고기와 달리 조개류는 이동이 자유롭지 않다. 기후 변화로 바다가 계속 산성화되면 조개들은 서서히 죽음을 맞이할 수밖에 없다.

누군가에게는 생존의 문제

수온의 상승은 바닷물을 팽창시켜 부피를 증가시킨다. 물은 섭씨 4도에서 가장 부피가 작고, 이보다 온도가 높으면 팽창한다. 1~2도 온도 상승으로 늘어나는 부피가 별것 아닐 것 같지만, 바다의 어마어마한 부피를 생각한다면 수온 상승으로 인한 바닷물의 팽창은 해수면 상승의 주요 원인 중 하나다.

바닷가에서 측정한 해수면 높이 자료와 위성을 이용해 추정해 본 자료를 살펴보면, 2020년대 지구의 평균 해수면은 1900년에 비해 약 25센티미터 상승했다. 이중 약 절반에 해당하는 높이가 바닷물의 부피 팽창이 원인이었다.

해수면 상승은 이미 세계 여러 곳의 해안가 저지대를 위협하고 있다. 제주도는 1970년에 비해 약 23센티미터 가량 해수면이 상승했다. 특히 용머리해안 지역은 해안이 침수되어 2008년 탐방로를 높이는 보수 작업을 했음에도 다시 물에 잠기고 있다. 용머리해안 종일 탐방 가능일은 2011년에는 214일이었지만, 2020년에는 39일에 불과했다.

태평양의 섬나라 투발루는 가장 높은 지점도 해발 6미터를 넘지 않는 야트막한 지형을 갖고 있다. 이곳의 주민들은 해수면 상승으로 생존 자체를 위협받고 있다. 높아지고 있는 해수면 때문에 살고 있는 곳이 잠기거나 황폐해져 삶의 터전이 계속 줄어들고 있고, 이번 세기 말에는 국토의 약 90퍼센트가 바다에 잠길 것이라는 예상이 나오고 있다. 자국 안에서는 더 이상 피할 곳이 없는 투발루 주민의 약 3분의 1은 얼마 전 호주 이주를 위한 '기후 비자'를 신청했다.

해수면 상승은 침수 피해와 더불어 태풍이 왔을 때 높은 파도가 발생할 가능성도 높인다. 해안가에 있는 담수원에 염도 높은 바닷물이 침투할 수 있음은 물론이다. 따라서 세계 곳곳의 해안가 지대에서 이에 대응하기 위한 여러 대책을 실행하고 있다. 침수에 대비해 집을 높게 짓거나, 방벽을 보수하거나, 해안가 도로를 높이는 등의 일이다.

물의 도시로 알려진 이탈리아의 베네치아는 홍수 피해를 막기 위해서 모세라는 이름의 거대한 이동식 방벽을 건설했다. 물때가 완만한 기간에는 방벽이 바다 아래에 잠겨 있어 평소처럼 배가 드나들 수 있지만, 밀물 때 높은 파도가 치면 이동식 방벽이 수면으로 나와 도시를 침수 위험으로부터 지킨다. 베네치아와 면한 아드리아해의 해수면이 점점 높아짐에 따라 이 방벽이 작동되는 횟수도 해마다 증가하고 있다.

▌성경 속 인물 모세에서 이름을 땄다. 최대 3미터 높이의 바닷물을 차단할 수 있도록 설계됐다. 다만 1회 가동하는 데 한화로 약 2억 원 이상의 금액이 드는 등 해결해야 할 문제가 많다.

뉴욕시도 해수면 상승과 태풍 피해에 대비하는 프로젝트를 진행 중이다. 이 지역에 예상되는 해수면 상승 높이인 약 1.5미터만큼 해안가 지대의 땅을 돋우고, 5미터 높이의 이동식 방벽과 수문을 건설하는 등 종합적인 대책을 시행하고 있다.

요동치는 물 순환과 날씨의 변화

기후 변화로 인한 바다 수온 상승의 영향은 단지 바다에만 머물지 않는다. 수온 상승은 바다와 땅, 대기를 종횡무진 누비며 다니는 물의 순환에 직접적인 영향을 미쳐 날씨에도 변화를 일으킨다. 바다 표면에서 증발한 물은 수증기의 형태로 대기에 유입된다. 물이 수증기로 바뀌는 과정에 에너지가 동반되는데, 증발한 수증기가 대기로 들어갈 때면 이 에너지도 함께 품고 간다. 기후 변화로 수온이 상승한 바다에서 기존보다 더 많은 양의 물이 증발하는 것은 쉽게 짐작할 수 있다. 따뜻해진 대기도 수증기를 더 많이 품을 수 있는 여력이 생기니, 대기의 입장에서는 물(수증기)과 에너지의 공급이 모두 늘어나는 셈이다. 여분의 수증기는 많은 양의 비가 한꺼번에 쏟아질 가능성을 높이고, 많은 에너지를 공급받은 대기의 움직임은 보다 역동적으로 변한다. 한마디로 극한 기상 현상이 더 자주 발생할 가능성이 높아지는 것이다.

대표적인 것이 바로 허리케인이라고도 불리는 태풍▮이다. 기후 변화로 인해 더 강한 바람과 폭우를 동반한 강력한 허리케인 발생 횟수가 늘고 있다.

▮ 우리는 태풍과 허리케인, 그리고 사이클론을 다르다고 생각하지만, 사실 모두 같은 열대성 저기압이다. 북태평양 서쪽에서 발생하면 태풍, 북대서양과 멕시코 연안에서 발생하면 허리케인, 인도양과 남태평양에서 발생하면 사이클론이라고 부른다.

미국의 남동부에 위치한 플로리다주는 최근 들어 더 강력한 허리케인들을 겪고 있다. 2024년 9월 플로리다에 상륙한 허리케인 헐린은 폭우를 동반해 홍수를 일으켰고, 약 250명의 사망자를 냈다. 헐린이 플로리다를 초토화시킨 지 2주도 지나지 않아, 피해를 채 복구하기도 전에 최대 풍속이 시속 285킬로미터$^{초속\,80미터}$에 달하는 또 다른 허리케인 밀턴이 들이닥쳤다. 2024년 전 세계에서 발생한 열대성 저기압 중 가장 강력했던 밀턴은 플로리다의 피해를 더욱 키웠다. 프로야구 경기장의 지붕이 뜯겨 나갔고, 최소 45명의 사망자가 발생했다. 총 피해액은 한화로 약 67조 원 규모에 육박했다.

우리가 여름철에 더 자주 접하게 된 집중 호우도 이런 극한 기상 현상 중 하나다. 2025년 여름 우리나라의 강수 패턴은 예전과 같지 않았다. 비가 오는 시기나 기간 모두 우리에게 익숙한 장마와 달랐다. 2025년 7월 중순 마치 물폭탄처럼 전국에 쏟아진 집중 호우로 충남 서산에서는 시간당 강수량 114밀리미터, 하루 강수량 439밀리미터를 기록해 관측 최고치를 갱신했다. 누적 강수량이 400밀리미터가 넘은 광주를 비롯한 여러 지역에서 침수 피해가 잇따랐다.

집중 호우는 당연히 홍수의 발생 가능성과도 직결된다. 특히 주목할 것은 예전에는 일어날 확률이 매우 적었던 큰 규모의 홍수 발생이 잦아지고 있다는 것이다. 확률적으로 100년 혹은 200년 만에 한 번 일어날 가능성이 있는 홍수는 더 이상 드문 현상이 아니다.

2025년 7월 초 미국 독립기념일에 텍사스주에서는 시간당 60~

80밀리미터 가까운 폭우가 쏟아졌다. 불과 몇 시간 동안 내린 비의 양은 무려 해당 지역 1년 강수량의 약 3분의 1 이상에 해당했다. 이로 인해 과달루페강의 수위가 8미터 이상 급상승하며 인근 지역으로 범람했고, 이 홍수로 무려 130명이 넘는 사망자가 발생했다. 특히 강가에 위치한 숙소에서 단체로 묵고 있던 여름 캠프 참가자 어린이들이 급속도로 불어난 강물을 미처 피하지 못하고 희생당해 많은 안타까움을 자아내기도 했다. 100년 만에 한 번 발생할까 말까인 홍수 저위험 지역을 넘어, 500년 만에 한 번 홍수가 일어나리라 예상되는 지역까지 광범위한 피해를 입었다. 이는 기후 변화로 인한 강수 패턴의 변화가 홍수 영향권이라고 여겨지지 않았던 지역마저 취약하게 만들고 있다는 사실을 보여준다.

  기후 변화는 전례 없는 홍수의 가능성만 높이는 것이 아니라 극심한 가뭄의 가능성도 높인다. 기온이 상승하면 물의 순환 과정에서 증발을 가속시켜 토양 안의 수분을 더 많이 더 빨리 가져갈 수 있기 때문이다. 즉, 한 번 발생한 가뭄은 극심한 가뭄으로 발전하기 쉽다.

  고체 형태로 존재하는 물도 바다 온도 상승의 영향을 피하지 못하고 있다. 수온이 올라가면서 바다 위의 얼음인 해빙이 녹고 있다. 실제로 북극해의 얼음 면적이 10년마다 약 12퍼센트씩 줄고 있다. 해빙이 녹아 바다 위 얼음의 면적이 줄어들면 바다 표면에서 반사되는 태양 에너지의 양이 달라진다. 하얀색의 해빙이 있는 곳은 어두운 색의 바닷물 표면보다 태양빛을 훨씬 더 많이 반사한다. 따라서 온난화로 해빙의 면적이 줄면 반사되는 태양 에너지의 양이 줄어 상대적으로 바다에 흡수되는 양은 증가한다. 그렇지 않아도 더워지고 있는 바다에 반갑지 않은 소식이다.

기후 변화로 얼음이 녹고 태양 에너지를 반사시키는 빙하의 면적이 줄어들어 온난화를 가속시키는 이 현상은, 결과가 원인을 다시 촉진하기 때문에 양성 피드백 positive feedback 또는 양의 되먹임 현상이라고 부른다. 극지방의 온도 상승폭이 지구 평균보다 높기 때문에 더 우려되는 상황이다.

남극 대륙과 그린란드, 히말라야와 안데스 같은 높은 산맥에 존재하는 육지의 빙하도 녹고 있다. 남극 대륙의 빙하는 두께가 얇아지면서 매년 1400억 톤 가량 줄어들고 있다.

높은 산맥에 존재하는 빙하는 얼음의 형태로 물을 저장하고 있다가 일정한 양의 물을 천천히 배출하면서 그 일대 주민들의 생명수 역할을 해왔다. 하지만 빙하가 빠른 속도로 녹아 줄어들면서 히말라야 산맥 일대의 강들은 지속적 물 공급이 어려워졌다. 또한 육지의 빙하가 녹아 바다로 유입되는 많은 양의 담수 역시 해수면 상승의 주요한 원인이다. 따뜻해진 바닷물에 의한 부피 팽창이 상승 높이 원인의 절반에 해당되고, 육지의 빙하가 녹으면서 유입된 물이 나머지 절반을 차지한다.▎

겉으로는 평화로워 보이는 바다 속에서 기후 변화로 인해 이미 많은 변화가 일어나고 있다. 오키나와 사람들이 붙인 츄라우미라는 이름처럼, 바다는 앞으로도 계속 아름다울 수 있을까? 우리 생활에 직접적인 관련이 없을 것 같았던 바닷물의 온도 상승이 내가 어제 퇴근길에 겪은 집중 호우와 아무런 상관이 없다고 단언하기 망설여진다.

▎육지의 빙하가 녹아 유입된 물은 해수면 상승에 영향을 준다. 하지만 바다에 떠 있는 해빙은 해수면 변동에 영향을 주지 않는다. 얼음은 물보다 부피가 크기 때문에, 해빙이 다 녹아도 잠겨 있던 아래 부분의 부피와 녹은 물의 부피가 같기 때문이다.

얽히고설킨 지구 환경의 변화를 더 잘 이해하고 기후에 대한 앞날을 대비하기 위해서는 우리에게 더 많은 정보가 필요하다. 보다 정확하고 상세한 지구 규모의 정보 말이다.

두 번째 이야기

과학이
기록하는 법

지구를 도는 CCTV

　미국 펜실베니아주에는 옛날 전통 방식을 고수하며 사는 사람들이 모여 있는 마을이 있다. 아미시^{Amish}라고 불리는 사람들인데, 말이 끄는 마차를 타고 유기농 농법으로 농사를 지으며 첨단 문물 사용을 거부한다. 펜실베니아주 랭캐스터에 가장 오래된 아미시 마을이 있는데, 내가 사는 지역의 식료품 상점에도 이곳에서 생산한 단호박 같은 유기농 농산물이 들어온다.

　휴가를 내고 아미시 마을 구경을 간 날이었다. 지역을 안내하는 작은 관광버스를 탔는데, 평일 오전이라 그런지 승객 대부분이 은퇴 후 여행을 즐기는 사람들이었다. 내 바로 뒷자리에 미국인 노부부가 앉았다. 마침 그분들은 내가 예전에 10년간 살았던 동네 근처에서 오신 분들이어서 나는 반가운 마음에 할머니와 이야기를 시작했다. 한참 수다를 떠는 동안 과묵한 인상의 할아버지는 말없이 우리 이야기를 듣기만 하셨다.

처음 만난 사람과 수다를 떨기 시작하면 자연스레 호구 조사에 들어가기 마련이다. 할머니는 내가 무슨 일을 하는지 궁금해했다. NASA에서 협력 연구원으로 일하고 있다고 대답한 순간, 그때까지 말 한마디 없이 듣기만 하던 할아버지가 갑자기 우리 이야기에 끼어들었다. "거기 워싱턴 디시 근처에 있는 곳 맞지요? 내 지인 중에도 NASA에서 일하는 사람이 있는데…" 하며 말씀을 시작하신 할아버지는, 관광지를 둘러보는 내내 나에게 매우 호의적으로 대해 주셨다.

최근 10년 연속 가장 일하기 좋은 연방정부 기관으로 선정되기도 한 NASA는 미국 사람들뿐 아니라, 세계 여러 나라 사람들에게도 이미지가 좋다. 거의 모든 할리우드 SF영화에 빠지지 않고 등장할 정도다. 미국 전역에 걸쳐 10여 개의 NASA 우주항공센터가 있는데, 각각 로켓 발사, 우주선 개발, 연구 개발 등 주어진 미션을 수행 중이다. 이중에서 워싱턴 디시에서 북동쪽으로 약 16킬로미터 떨어진 곳에 위치한 고다드 우주항공센터^{Goddard Space Flight Center}는 NASA 연구 개발의 핵심 연구소다. 1959년 설립되어 NASA 센터들 중에서도 가장 오래된 역사를 가지고 있는 이 연구소는, 웬만한 대학 캠퍼스와 맞먹는 크기의 규모를 자랑한다. 이곳에서 연구 개발을 수행하고 있는 인력은 무려 1만 명이 넘는다. 수도와 가깝다는 지리적 이점 때문에 미국을 비롯한 각국의 정치인들이 종종 둘러보고 가기도 한다.

NASA라는 이름만으로도 자연스레 우주 개발이 떠오르지만, 사실 NASA는 우주 개발 외에도 여러 다양한 임무를 수행 중이다. 그 중 하나가 바로 지구과학 연구 미션이다. 언뜻 "NASA가 지구과학 연구도 하나?"라고 생각할 수 있지만, 현재 우리 머리 위에서 지구를 돌며 지구 환경의 상태와 변화에 대한 자료를 실시간으로 수집하고 있는 NASA 관측 위성은 무려 20개가 넘는다.

지구 환경 관측 위성들이 보내오는 자료의 많은 부분이 고다드 센터에서 수십 년간 쌓여온 분석 노하우와 과학적 지식을 이용해 해석된다. 센터의 지구과학 분과에서는 위성 관측 자료를 이용한 연구가 활발하게 이루어지고 있다. 지구에서 일어나는 자연 현상들을 슈퍼 컴퓨터를 이용해 모델링하고 예측도 한다. 센터 안의 지구과학 건물은 지구상에서 가장 많은 지구과학 연구자들이 한곳에 몰려 있는 장소라는 이야기도 있다. 지구과학에 대한 어떠한 질문이 있을 때, 그 건물 안에 있는 누군가는 반드시 그 답을 알고 있다는 농담이 나올 정도다.

미 항공우주국 고다드 우주항공센터

지구 관측 위성

NASA의 지구 관측 시스템*은 다양한 장소에 CCTV를 설치해 일어나는 현상들을 찍은 후, 통제실을 만들어 한곳에서 모두 볼 수 있게 하자는 아이디어와 비슷하다. 단지 위성을 이용한 지구 관측에는 우리가 사용하는 일반 CCTV보다 훨씬 더 다양한 종류의 빛을 감지할 수 있는 특수 카메라들이 동원되고, 위성들이 붙박이처럼 고정된 것이 아니라 정해진 하늘길을 따라 이동하면서 정보를 수집한다는 점이 다를 뿐이다.

> *Earth Observing System, 줄여서 EOS라고 부른다. 1990년대부터 다수의 위성을 통해 기후 시스템의 주요 요소인 대기, 해양, 육지와 생물권에서 일어나는 현상을 장기간에 걸쳐 모니터링하고 있는 프로그램이다.

위성 관측을 할 수 없었던 시절에는 지상의 특정한 장소에 관측 기계를 설치해서 데이터를 얻었다. 이를 지상 관측이라고 부르는데, 온도나 비의 양을 재는 관측소를 떠올리면 이해하기 쉽다. 지상 관측은 지금도 사용되고 있는 중요한 방법으로서, 특정 장소에서 일어나는 자연 현상에 대해 매우 상세한 정보를 얻을 수 있다. 다만, 지상 관측법은 전 지구를 망라하는 넓은 범위에 걸친 자료를 얻을 수는 없다. 앞서 살펴본 것처럼, 기후 변화가 지구 환경에 미치는 영향은 그 규모가 광범위하고, 자연 현상들은 서로 연결되어 있다. 따라서 기후 변화를 연구하려면 전 지구적 규모의 관측 정보가 훨씬 효과적이다. 인공 위성 기술이 발달하기 시작한 1980년대부터 품질 좋은 관측 자료들이 나오기 시작했고, 지구 환경에서 일어나는 변화를 본격적으로 관찰할 수 있게 되었다. 자연스레 과학자들의 연구를 위한 자료의 종류와 질도 훨씬 개선되었다.

위성에 실린 특수 카메라들은 우리가 사진을 찍을 때보다 훨씬 다양한 종류의 빛을 이용한다. 빛은 물결처럼 구불구불 진동하는 파동의 성질을 갖고 있다. 긴 파동을 가진 빛도 있고 짧은 파동을 가진 빛도 있는데, 이 고유의 길이를 파장이라고 한다. 우리 눈이 감지할 수 있는 빛 중에서 파장이 가장 긴 빛은 빨간색이다. 더 긴 파장의 빛은 눈으로는 볼 수 없는데, 지구가 체온 조절을 위해 열에너지를 우주로 내보낼 때 사용하는 적외선이 바로 그것이다. 어두운 밤에 특수 안경을 쓰고 숨어있는 적군을 찾아내는 영화 장면에 등장하는 열화상 야간투시경이 감지하는 빛 역시 적외선이다. 적외선보다 파장이 더 긴 빛으로 마이크로파도 있다. 이 빛은 일상에서 거의 매일 사용되는데, 전자레인지로 음식을 데울 때 사용되는 빛이기 때문이다. 위성 관측에는 가시광선과 더불어 적외선과 마이크로파가 많이 이용된다.

사진을 찍을 때는 조명도 중요하다. 카메라에 담고 싶은 대상에서 반사되는 빛의 일부를 감지해 남기는 것이 사진의 원리다. 때로 자연광 외에 인공 조명을 추가해 더 선명한 사진을 얻기도 한다. 마찬가지로 위성도 태양빛이 관측 대상에 반사되어 오는 빛을 기다려서 감지한다. 보다 적극적으로 빛을 쏘아 보내 물체에 부딪혀 돌아오는 빛을 감지하기도 하는데, 이 기술은 자동차의 충돌 방지 시스템에도 적용된다.

지구 관측 시스템이라고 불리는 이 위성들이 모아오는 자료는 매우 다양하다. 기후 변화로 인한 지구 환경 상태를 종류별로 전부 관측한다고 해도 과언이 아니다. 기후 변화의 원인인 이산화탄소를 측정하는 위성도 있고, 온난화로 상승하고 있는 바다의 온도 변화를 재는 위성도 있다. 기후 변화의 영향을 크게 받고 있는 물 순환의 변화도 위성이 모니터링하고 있으며, 점점 더 불확실해지고 있는 산불이나 홍수 등의 자연재해 연구에도 위성 자료가 활용된다.

기후 변화의 원인인 탄소 관측은 2000년대에 들어오며 본격적으로 시작되었다. 2014년부터 탄소 관측을 담당하는 NASA 위성은 탄소관측위성-2(OCO-2)이다. 이름에서 짐작할 수 있듯이 NASA의 두 번째 탄소 관측 위성이다. 그럼 첫 번째 위성은 어디에 있을까? NASA는 무엇이든 해낼 것 같은 이미지를 갖고 있지만, 사실 모든 미션을 항상 성공하는 것은 아니다. 2009년 야심차게 띄운 첫 번째 탄소 관측 위성은 발사 후 궤도에 제대로 도달하지 못했고, 중력에 이끌려 대기로 재진입해 결국 바다로 추락했다. 그 바람에 안에 실려 있던 관측 장비들도 모두 쓸 수 없게 되었다. 다행히 후속 주자로 발사한 탄소관측위성-2는 700킬로미터 상공 궤도에 성공적으로 진입했다. 탄소관측위성-3도 국제우주정거장에서 지구의 탄소 변화를 모니터링 중이다. 탄소 관측 위성은 지구 표면에서 반사되는 태양빛 중 적외선 부분을 이산화탄소가 얼마나 흡수하는지 관측한다. 적외선이 대기를 뚫고 오며 만나는 이산화탄소의 양이 많을수록 위성에서 감지되는 적외선의 세기는 작아진다. 이 관계를 이용해 대기 안에 이산화탄소가 얼마나 많은지를 알 수 있다.

기후 변화로 바뀌고 있는 물 순환 관측을 위해서는 여러 개의 위성이 사용되고 있다. 2014년 발사된 전 지구 강수 측정 위성$^{Global\ Precipitation\ Measurement}$은 NASA와 일본 우주항공 연구개발기구^{JAXA}의 공동 미션이다. 이 위성은 우리 머리 위 약 400킬로미터 높이에서 1시간 반에 한 번씩 지구를 돌며 비와 눈에 관한 자료를 제공한다. 고성능 레이더 장비로는 비나 눈의 씨앗이 되는 구름 속 물방울의 분포를 관측하고, 마이크로파를 감지하는 장비로는 비의 종류와 세기에 대한 정보를 얻는다.

흙 속에 있는 수분의 양은 물의 증발량을 조절해 날씨에 영향을 준다. 당연히 농업에 말할 것도 없이 중요하다. 이러한 토양 수분의 양과 변화는 스맵$^{Soil\ Moisture\ Active\ Passive}$이라는 위성이 관측하고 있다. 쌍둥이 위성인 그레이스 위성$^{Gravity\ Recovery\ and\ Climate\ Experiment}$은 기본적으로는 중력의 변화를 재는 위성이지만, 지구에 있는 물의 저장량 변화를 모니터링하는 데도 이용된다. 서로 220킬로미터의 거리를 두고 우리 머리 위 490킬로미터 높이의 동일한 궤도를 지나는 두 개의 위성은, 지구의 질량중심과 삼각관계를 형성한다. 위성이 지나는 아래쪽의 장소마다 각기 다른 물의 양 때문에 질량이 다르다. 따라서 미세한 중력 차이가 생겨 이 두 개의 위성은 밀고 당기며 서로 멀어지거나 가까워진다. 이 자료를 토대로 지구의 물과 빙하의 분포가 어떻게 변화하고 있는지 유추할 수 있다.

▌하늘에 있는 위성이 어떻게 땅 속 변화를 측정할 수 있을까? 지구 표면에서는 마이크로파가 계속 방출되고 있는데, 토양 수분이 많은 곳에서는 상대적으로 적게 방출된다. 스맵 위성은 지표에서 방출되는 마이크로파의 변화를 측정해 지표면부터 5센티미터 깊이 사이에 존재하는 토양 수분이 어떻게 변화하는지 알아낸다.

기후 변화로 인한 자연재해들을 모니터링하는 데도 관측 위성들이 이용된다. 예를 들어, 위성에서 마이크로파를 쏘아 보내 반사되는 빛을 감지하는 레이더 기술로 홍수나 산불로 인한 땅의 변화를 감지할 수 있다. 산불이나 홍수가 발생한 지역의 표면에서는,

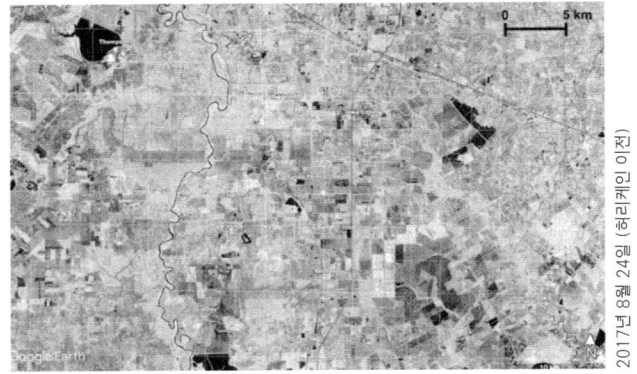

2017년 8월 24일 (허리케인 이전)

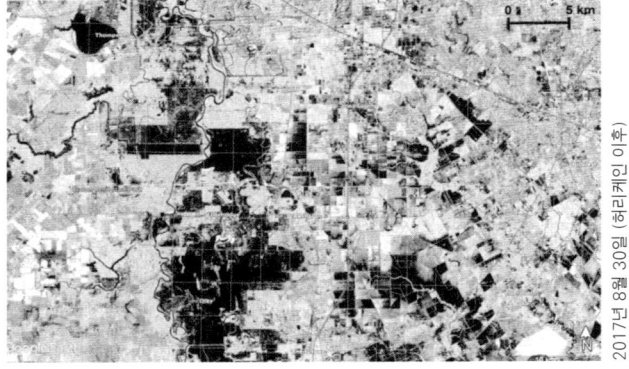

2017년 8월 30일 (허리케인 이후)

2017년 미국 텍사스 지역의 허리케인 하비가 지나간 전후의 모습
위쪽 사진과 비교해 어둡게 변화된 부분이 침수된 지역이다.

*유럽 우주국 센티넬-1 위성의 합성 개구 레이더 자료, 조민정 박사 제공.

빛이 반사될 때 다른 방향으로 더 많이 흩어져 위성으로 되돌아오는 빛의 양이 줄어든다. 따라서 재해가 발생하기 전과 후에 찍은 사진을 비교하면 더 어두운 색으로 나타나는 피해 지역의 면적을 계산할 수 있다.

촘촘한 지구 관측 위성들의 감시망을 통해 수집한 NASA의 기후 변화 자료는 자연의 기록 보관소 같다. 지난 몇십 년 동안 지구 환경이 어떻게 변화해왔고, 지금은 어떠한 상황인지 알 수 있게 해주는 소중한 기록이다.

또한 이 자료들을 들여다보고 있으면, 변화를 겪고 있는 지구 환경이 미래에는 어떤 모습일까 자연스레 상상하게 된다. 위성이 미래 모습에 대한 정보도 주면 참 좋겠지만, 미래의 지구 자료 수집은 그 어떤 뛰어난 위성도 해낼 수 없다. 시간을 앞서갈 수는 없기 때문이다. 그러니 앞으로 일어날 기후 변화를 연구하려면 '관측'을 대신할 다른 자료가 필요하다. 이를 위해 과학자들은 새로운 연구 방법을 사용해 지구 환경의 미래에 대한 기록을 미리 엿보려고 노력해왔다.

자연의 미래에 대한 기록을 엿보다

 미래 시점에 일어날 일들을 미리 헤아려 짐작하는 것을 예측이라고 한다. 그런데 미래에 대한 예측은 한 가지로 확정 지을 수 없다. 만일 어떤 사람이 자신이 미래의 일을 명확하게 예측할 수 있다고 한다면 그 사람은 사기꾼일 가능성이 높다. 근본적으로 불가능한 일이기 때문이다. 어느 회사의 특정 상품이 내년 1월 1일에 몇 개가 팔릴지 정확한 개수를 예상할 수 있는 사람은 아무도 없는 것처럼 말이다.

 그러므로 예측을 할 때는 다양한 경우의 수를 고려해야 한다. 여러 조건들을 어떻게 설정하느냐에 따라 미래에 일어날 일에 대한 예측은 달라진다. 예를 들어, 아이스크림 회사에서 이번 여름에 팔릴 아이스크림의 양을 예측한다고 해보자. 무더운 여름일 경우와 상대적으로 덜 더운 여름의 경우, 이렇게 두 가지 모두를 고려해 판매량을 다르게 예측하는 것이 합리적이다.

이러한 예측을 위해 많이 사용되는 방법이 모델이라는 도구를 이용하는 모델링이다. 모델은 어떤 모습이나 현상을 대표할 수 있도록, 내재적인 원리를 이용해 비슷하게 만드는 가상의 시스템을 말한다. 모델링의 강점은 이 시스템을 기반으로 관측할 수 없는 미래의 일들을 예측할 수 있다는 것이다. "모든 모델은 맞지 않는다. 하지만 몇몇 모델은 유용하다"라는 말이 있듯이, 모델링은 완벽하지는 않지만 미래 예측 자료를 만드는 데 매우 유용하다. 이러한 장점 때문에 모델링은 사회과학·경제학·자연과학 등 여러 분야에서 현상을 이해하고 미래를 예측하는 데 활용된다.

▌영국의 통계학자 조지 박스(George Box)가 한 말이다. 그는 20세기의 가장 위대한 통계학자 중 한 명으로 꼽힌다.

지구 환경 연구에서 이용하는 모델은 지구 시스템 모델이다. 과학적 원리를 바탕으로 기후나 날씨에 관한 현상들을 계산할 수 있게 만든 컴퓨터 프로그램이다. 기상 현상을 재현하려면 시간과 장소에 따른 대기의 움직임을 모델링하는 일이 가장 중요하다. 변화하는 대기의 움직임에 따라 특정 장소와 시간의 온도, 습도, 바람, 강수가 정해지기 때문이다.

그런데 애초에 지구의 대기는 왜 끊임없이 이동하고 있을까? 한

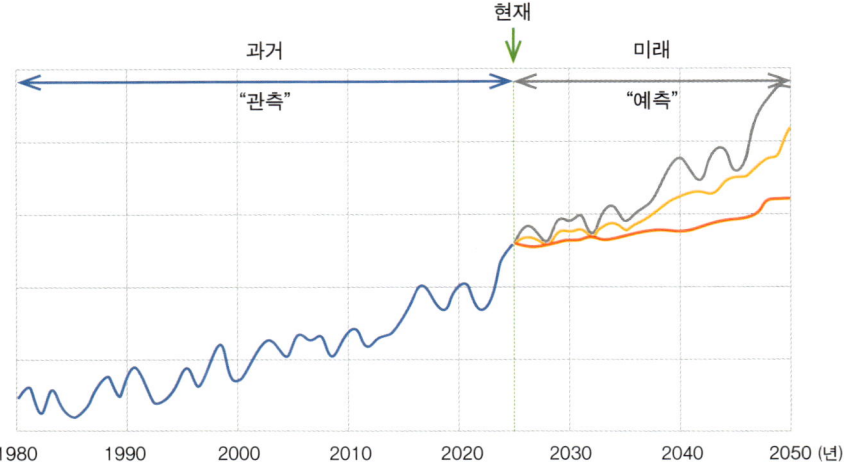

과거 시점에 대한 관측의 '참값'은 하나이지만,
미래 시점에 대한 '예측값'은 여러 개일 수 밖에 없다.

곳에 머무르지 못하는 특별한 이유가 있을까? 사실 이 모든 흐름은 지구가 받는 태양 에너지의 불균형에서 시작된다. 만일 지구가 둥근 평면 방패 같은 모양을 하고 있다면, 모든 지점이 동일한 양의 태양 에너지를 받을 것이다. 하지만 지구는 가운데가 불룩한 공 모양이기 때문에, 같은 양의 햇빛이라도 적도 지방에는 태양열이 수직으로 도달해 좁은 면적에 집중되고, 극지방으로 갈수록 비스듬히 도달해 더 넓은 면적에 나누어 퍼지게 된다. 즉, 적도 지방은 극지방보다 더 많은 양의 태양 에너지를 집중적으로 받고, 극지방은 더 적은 양의 태양 에너지를 골고루 받는다. 적도 지방이 덥고 극지방이 추운 이유가 바로 그것이다.

만일 이 불균형이 해소되지 않고 계속된다면 어떻게 될까? 태양열을 많이 받는 적도 지방은 계속 뜨거워지고, 극지방은 계속 추워질 것이다. 하지만 다행히도 지구의 대기와 바닷물이 자유롭게 흐르며 적도 지방에 쌓인 열에너지를 극지방 쪽으로 배달한다. 적도 지방의 표면이 태양열을 흡수해 뜨거워지면, 그 위의 공기도 더워지면서 부피가 팽창한다. 부피가 커지며 가벼워진 적도 지방의 공기는 위쪽으로 올라가게 되고, 일정 높이까지 올라가서는 남북으로 퍼져 열에너지가 부족한 중위도 지방과 고위도 지방에 열을 전달한다. 즉, 태양열의 지역적 불균형이 온도 변화와 그에 따른 대

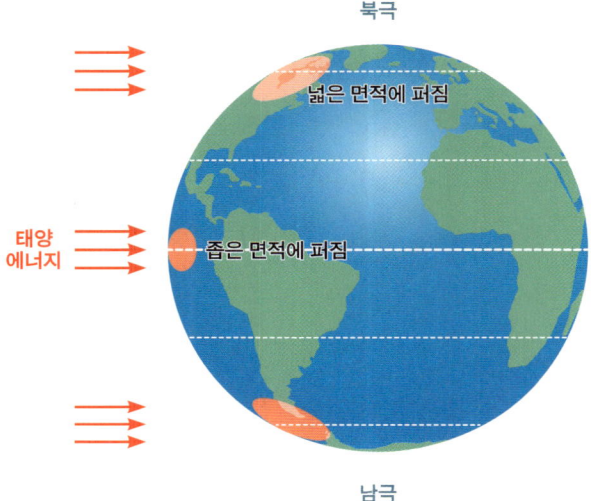

지구가 받는 태양 에너지의 불균형 개념도

둥근 공처럼 생긴 지구가 받는 단위 면적당 태양열은 지역마다 큰 차이가 있다.
이 불균형을 해소하기 위해 대기와 바다는 적도 지방의 열을
극지방 쪽으로 실어 나르며 지구 안의 에너지를 열심히 순환시킨다.

기 안의 압력 변화를 만들어낸다. 높은 곳에서 낮은 곳으로 압력이 이동하는 대기의 성질이 작용하면서 동적인 흐름이 만들어지는 것이다. 이러한 큰 흐름을 대기 대순환이라고 부르는데, 이것이 날씨와 기후의 틀을 이루는 기본 뼈대다.

대기의 순환으로 발생한 바람은 바다 표면에서 바닷물의 움직임을 유도한다. 또한 바다의 온도와 염분 차이로 인해 무거운 바닷물은 가라앉고, 가벼운 바닷물은 위로 올라오는 흐름이 생긴다. 바다는 대기보다는 느리게 움직이지만, 열에너지를 훨씬 많이 품을 수 있기 때문에 규모가 큰 해류의 흐름은 지구 전체의 에너지 이동에 중요한 역할을 한다. 또한 물의 순환은 바닷물의 증발과 구름의 형성, 비가 내리는 일까지 연관되어 있기 때문에, 날씨와 기후를 결정하는 데 빠질 수 없는 또 다른 요소다.

▎바람의 영향으로 흐르는 표층해류는 최대 시속 9킬로미터에 이르지만, 밀도 차이에 의한 심층해류는 하루에 몇 미터밖에 흐르지 않는다.

대기와 바닷물의 움직임, 그리고 에너지와 물이 순환하는 과학적 원리에 의해 만든 모델이 준비되고, 원하는 시간의 온도와 압력, 습도에 관한 정보가 있으면 이제 지구 기후와 날씨를 계산할 수 있는 기본 조건이 갖춰진 셈이다. 1950년대에 날씨를 예측하기 위한 모델이 개발되기 시작했을 때는, 컴퓨터를 이용해 며칠 앞의 날씨를 예측한다는 것 자체가 매우 획기적인 일이었다. 컴퓨터의 계산 속도가 지금과는 비교되지 않을 정도로 느렸기 때문이다. 당시에는 지구 전체의 대기와 해류의 움직임을 자세히 계산해서 날씨를 예측하는 일이 정말 어려웠다.

그런데 지난 몇십 년 동안 컴퓨터의 계산 성능이 비약적으로 발전했다. 훨씬 많은 양의 정보를 처리할 수 있게 되었고, 복잡한 계산도 감당할 수 있게 되었다. 뿐만 아니라 지구 환경에서 일어나는 현상들에 대한 과학적 지식도 훨씬 많이 연구되고 정리되었다. 지구 환경에 대한 모델링을 더욱 자세히 할 수 있는 토대가 쌓인 셈이다. 지구는 기체로 이루어진 대기, 액체로 이루어진 바다, 굴곡지고 딱딱한 표면 위에 다양한 생물이 살고 있는 육지, 그리고 미끄러운 고체인 얼음까지 각양각색의 특징을 가진 부분들로 이루어져 있다. 게다가 물과 탄소처럼 구성 요소들 사이를 누비고 형태를 바꾸며 기후와 날씨의 결정에 커다란 영향을 끼치는 변수도 있다. 따라서 모델링 역시 이에 맞춰 발전되어 왔다. 게임의 새 버전이 출시될 때마다 여러 가지 기능이 추가되듯이, 지구 시스템 모델도 예전에는 기술의 한계로 단순화할 수밖에 없었던 프로세스들을 새롭게 반영하며 발전해 왔다.

모델은 대기와 해양에서 일어나는 에너지와 물의 이동을 계산하는 것에서 출발했지만, 이제는 육지에서 일어나는 현상들을 보다 자세하게 재현할 수 있게 됐다. 초기의 기후 모델에서 육지는 제한된 역할의 조연에 불과했다. 대기와 바다에서 일어나는 흐름과 에너지 변화만 잘 계산해도 날씨와 기후의 큰 골격은 잡을 수 있었기 때문이다. 불균일한 육지에서의 현상을 단순화해 모델에 적용한 것은, 개발 초기에는 합리적이고 현실적인 선택이었다. 시간이 지나 대기에 영향을 미칠 수 있는 땅 위의 프로세스들, 예를 들어 태양빛이 반사되는 양을 결정하는 나무가 얼마나 심어져 있는지, 숲과 토양에서 대기로 증발하는 물의 양은 얼마나 되는지 등의 설정이 가능해졌다. 무엇보다 계산이 훨씬 정교해졌다.

또한 기후 변화에 따른 지구 환경 예측의 수요가 높아지면서 이와 연관된 프로세스도 추가되었다. 자연의 탄소 처리반들이 일하는 과정을 모사한 탄소 순환의 세부적 내용이 포함되었고, 지구 구성 요소들간의 상호 작용은 물론, 어떤 부분이 다른 한쪽에 영향을 주었을 때 다시 돌려받는 되먹임까지 고려하게 되었다. 배출된 이산화탄소가 많아지며 지구에 쌓인 열에너지가 지금의 지구 환경에 어떻게 영향을 주고 있는지, 또 미래의 기후, 즉 온도, 강수량, 바람에 어떻게 영향을 미칠지에 대한 예측이 필요해졌기 때문이다. 이렇게 지구 시스템 모델이 더욱 자세해지면서 수행해야 할 계산의 양도 기하급수적으로 많아지기 시작했다.

그렇다면 미래 기후를 예측하기 위한 이 복잡한 계산은 실제로 어떻게 이루어질까? 지구 환경의 변화를 잘 모델링하기 위해서는 공간과 시간에 따른 변화에 대한 모든 정보가 필요하다. 예를 들어, 중위도 지방에 위치한 우리나라의 기후는 적도 지방에 위치한 아마존의 열대성 기후와 완전히 다르다. 또한 북반구에 사는 우리에게는 7~8월이 가장 더운 여름이지만, 남반구에 위치한 호주는 우리나라의 겨울에 해당하는 12월~2월이 가장 더운 여름이다. 매우 다른 현상들이 동시다발적으로 벌어지는 지구상 여러 지점의 상태와 변화를 예측하려면, 지구 표면을 여러 개의 조각으로 쪼개 그 지점의 상태를 각각 모델링해야 한다.

가장 쉽게 생각할 수 있는 방법은 이미 지구 표면을 따라 그어져 있는 가상의 선들을 이용하는 방법이다. 위치 표시를 위해 지구를 바둑판처럼 나누고 있는 위도와 경도¹를 이용하면 지구 표면을 여러 개의 격자 모양 조각으로 쉽게 나눌 수 있다. 그렇다면 몇 개로 나누는 것이 좋을까? 가장 쉽게 1도 차이로 선을 나누면 네모난 격자 조각이 약 6만 5,000개 나온다. 조금 듬성듬성하게 4도 간격으

❙위도❙ 남북 방향의 위치를 표시하기 위해 가로로 선들을 그어 정의해 놓은 선.

❙경도❙ 동서 방향의 위치를 표시하게 위해 세로로 선들을 그어 정의해 놓은 선.

로 나누면 지구 표면이 약 4,000개의 조각으로 나뉜다. 이렇게 나눈 각 조각의 중심에 있는 점에서 일어나는 기후 현상이 그 조각의 모든 곳을 대표한다 생각하고 계산하는 것이다.

그런데 4도로 잘린 조각은 실제로 어느 정도의 크기일까? 우리나라의 가장 동쪽에 위치한 독도는 동경 131.5도에 위치해 있고, 가장 서쪽에 위치한 가거도는 동경 125도다. 즉, 우리나라의 영토는 동서 방향으로 약 6도 차이가 나는 셈이다. 남북으로 살펴보면, 제주도의 남쪽 끝은 북위 33.1도이고, 대한민국의 북쪽 경계를 대략 38도선으로 생각한다면 약 5도 차이가 난다. 4도 차이로 선을 그어 나눈다면, 격자 조각 하나에 제주도를 제외한 남한의 모든 영토가 다 포함되는 것이다. 우리나라 대부분이 격자 하나에 포함되어 그 중심에서 모든 현상이 일어난다고 가정해 계산하니 기후 예측의 정확도가 떨어지는 것은 피할 수 없는 일이다.

이렇게 투박한 계산법이 정말로 쓰였을까 싶었는데, NASA에서 같이 일하는 상사가 30여 년 전 박사 과정을 공부할 때만 해도 이 방법을 썼다고 해 같이 웃었던 일이 있었다. 요즘에는 0.5도 차이 혹은 그보다 더 세밀하게 나누어 예측하는 방법이 많이 이용된다. 0.5도 차이로 나누면 지구 표면이 가로와 세로 50킬로미터 크기의 약 26만 개 조각으로 나뉘게 된다. 4도 차이에 비하면 60배 이상 촘촘한 셈이다. 이러한 계산을 감당할 수 있다는 것은 최근 몇십 년 동안 지구 환경 모델링 기술이 얼마나 비약적으로 발전했는지 단적으로 보여준다. 격자가 촘촘해질수록 계산해야 할 양은 늘어나지만, 대신 좁은 지역에서의 일들을 보다 자세하게 모델링할 수 있다. 핸드폰 카메라의 화소가 높아지면 사진의 용량은 커지더라도 훨씬 선명한 이미지를 찍을 수 있는 것과 같은 원리다.

그런데 지구 표면에서 일어나는 일들의 계산만으로는 충분하지 않다. 수직으로 움직이는 흐름의 계산이 아직 반영되지 않았기 때문이다. 대기와 해양에서는 다양한 높이와 깊이를 누비는 공기와 바닷물의 흐름이 있다. 물은 강이나 바다에서만 움직인다고 생각하지기 쉽지만, 땅에서도 비가 내린 뒤 땅속의 흙으로 스며들어 지하수로 흐르는 물의 흐름이 있어서 역동적으로 움직인다. 따라서 지구 표면을 나눈 격자 조각을 수직으로도 나누어 계산해야 한다. 마지막으로 우리가 필요한 정보는 각 조각에서 시간에 따른 지구 환경 상태의 변화다. 따라서 1년 동안의 기상 요소가 30분마다 어떻게 변화하는지 알고 싶다면, 각 조각당 관련된 모든 계산을 1만 7,000번 이상 해야 한다. 앞으로 100년 동안의 기후가 어떻게 변화할지 예측하려면 단순하게 계산해도 어마어마한 양이다. 미래의 기후에 대한 예측 자료는 이러한 노력과 계산을 거쳐 만들어진다.

기후 변화는 우리의 삶에 아주 중요하기 때문에 미래의 기후 변화 예측을 위해서는 지구 환경에서 일어나는 많은 프로세스와 상호작용, 피드백까지 빠짐없이 고려하는 복잡하고 비싼 지구 시스템 모델을 사용해야 한다. 이러한 모델은 부분들이 모두 연결되어 있다는 점을 강조하기 위해 결합 모델이라고 부른다.

결합 모델을 사용한 미래 기후 예측은 국제 기상기구 산하의 비교 프로젝트를 통해 조직적으로 이루어진다. 향후 2100년까지의 기후 변화에 대한 예측 자료를 만들기 위해 40개가 넘는 모델링 그룹들이 사전에 예측의 내용과 계산 결과 제공 시기를 합의한다. 쉽게 예상할 수 있듯이, 이 일은 많은 비용이 들기 때문에 고성능 슈퍼컴퓨터를 사용할 수 있는 정부 연구소 등에서 전문 연구자들이 팀을 이루어 시행 중이다. 각 나라당 하나의 모델을 사용한 결과를 보내는 경우도 있고, 여러 개의 모델을 사용한 결과를 보내기도 한다. 예를 들어, 미국은 이 결합 모델 비교 프로젝트에 국립대기연구센터, 해양대기청, 그리고 NASA에서 각각 독자적으로 개발한 모델들을 사용해 예측 결과를 제출한다.

그렇다면 기술적으로 가장 발달한 모델만 만들어 쓰면 되지 않을까? 하지만 같은 과학적 원리를 이용한다 해도 사용하는 모델에 따라 예측이 조금씩 달라질 수 있다. 각기 다른 연구그룹에서 몇십 년에 걸쳐 개발한 지구 시스템 모델에 과학적 원리와 구성 요소들 간의 상호작용을 적용한 철학과 방법이 조금씩 다르기 때문이다. 세계 경제 전망에 대한 예측을 생각하면 이해가 쉽다. 내년의 경제 상황에 대한 예측은 세계은행, 국제통화기금, 경제협력개발기구^{OECD} 등에서 모두 하고 있지만, 그 예측이 반드시 동일하지는 않다. 전망의 전체적인 방향은 같다고 해도, 자세한 내용은 서로 다른 경우가 대부분이다. 이것은 옳고 그름의 문제도 어떤 하나의 모델 성능이 월등히 좋다는 의미도 아니다. 경제 변화의 원리 지식을 모델링에 어떻게 적용하는지에 대한 관점의 차이일 뿐이다. 마찬가지로 여러 개의 지구 시스템 모델을 사용한 예측은 미래의 기후 변화를 예상하는 데 도움을 주고 있으며, 무엇보다 전체적으로 같은 방향과 결론을 제시하고 있다는 사실이 중요하다. 그것은 계속해서 온실가스를 배출하면 기후 변화로 인해 우리에게 닥칠 위험이 심화될 것이고, 재앙 수준의 영향을 피할 기회의 문이 빠르게 닫히고 있다는 것이다.

최근에는 인공지능의 발전이 미래 지구 환경 예측 분야에 변화를 일으키고 있다. 일기 예보의 영역에서는 이미 AI를 활발하게 도입하고 있고, 이보다 훨씬 긴 기간을 다루는 기후 예측 분야에서도 AI 이용이 연구되고 있다. 다만, 기존의 자료들을 이용해 트레이닝

하는 AI 기법이, 여태껏 겪어보지 못한 상태로 가고 있는 기후에 대한 장기간의 미래 예측을 얼마나 잘 해낼지에 대해서는 다양한 의견들이 있다. 60여 년 전, 컴퓨터를 이용한 모델을 사용해 날씨에 대한 계산을 시도한 것이 날씨 예보와 기후 예측에 혁명적인 발전을 가져왔듯이, AI의 사용이 미래 기후 예측에 있어서 모델링을 대신할 혁신을 일으킬지 주목되고 있다.

세 번째 이야기

기록의 확장

연결된 지구

"그 할아버지가 로렌츠 교수님인 거 몰랐어?"

MIT 같은 과에서 박사후 과정으로 일하고 계시는 김동철 박사님이 웃으면서 말씀하셨다.

"네? 누구요? 나비 효과 그분이요?"

"그래, 그 로렌츠 교수님."

내가 6여 년에 걸쳐 박사 과정을 공부했던 MIT 대학 캠퍼스는 미국 동부의 보스턴을 동서로 가로질러 흐르는 찰스강에 면해 있다. 찰스강을 중심으로 북쪽은 케임브리지, 남쪽은 다운타운 보스턴이라고 부르는데, 이 두 지역을 합쳐도 서울의 절반이 채 되지 않을 정도로 아담하다. 보스턴에는 고등교육기관들이 밀집해 있는데, 미국에서 아니 세계에서 가장 많은 대학들이 한 곳에 몰려

MIT의 킬리언 코트(Killian court)

있다고 해도 과언이 아니다. 지하철을 타고 켄달역에 내리면 찰스 강변을 따라 양옆으로 길게 늘어서 있는 MIT 캠퍼스를 금방 찾을 수 있다. MIT 하면 떠오르는 하얀색 둥근 돔 앞 큰 잔디밭은 킬리언 코트라고 불린다. 초여름 이곳에서 찰스강을 바라보며 졸업식이 열린다. 한 사람씩 이름을 부르면 나가서 졸업장을 받는데, 두꺼운 졸업 가운이 너무 더워 빨리 내 순서가 왔으면 하고 간절히 기다렸던 기억이 난다. 킬리언 코트는 평소에도 개방되어 있어 인증샷을 찍으려는 관광객이 사시사철 끊이지 않는다.

▎그 유명한 하버드 대학도 이곳에 있다. 보스턴이 있는 매사추세츠주는 교육의 고장으로 알려져있다.

킬리언 코트에서 강변을 따라 동쪽으로 걸어오면 키 큰 회갈색 건물이 보인다. 마치 테트리스 판처럼 심심하고 밋밋하게 생겼지만, MIT 졸업생이기도 한 유명 건축가 아이 엠 페이$^{I.M.Pei}$가 설계한 건물이다. 기부자의 이름을 따라 그린 빌딩 혹은 캠퍼스의 건물 번호인 54동으로 불리는 이 건물은 캠브리지에서 가장 높은 건물 중 하나다.

대기과학 박사 과정 시절, 내 사무실은 이 건물 15층에 있었다. 연구실과 실험실에 틀어박혀 있기 일쑤인 연구원들을 위해 과 사무실에서는 정기적으로 쿠키 아워$^{cookie\ hour}$를 열어주었다. 쿠키 아워가 있는 날이면 오셔서 조용히 과자 몇 개를 들고 가시는 자그마

한 체구의 할아버지 한 분이 계셨는데, 나도 엘리베이터에서 여러 번 마주친 적이 있었다. 이분이 바로 나비 효과로 유명한 에드워드 로렌츠$^{Edward\ N.\ Lorenz}$ 교수님이었다니. 이미 은퇴해 강의를 하시지 않았기 때문에 같이 엘리베이터를 타고도 알아보지 못했던 것이다.

나비 효과는 누구나 한번은 들어봤을 만큼 친숙한 용어다. 날씨 예측을 위한 계산을 할 때, 초기 조건을 아주 조금 바꾼 것이 시스템에 영향을 주어 전체적인 결과에 큰 영향을 미친다는 의미로 로렌츠 교수님이 만든 용어다. 변화무쌍한 날씨 예측이 그만큼 어렵다는 것을 강조한다. 나비 효과와 완전히 같은 개념은 아니지만, 비슷한 개념으로 텔레커넥션^{teleconnection}이 있다. 텔레^{tele}는 거리가 떨어져 있다는 의미고, 커넥션^{connection}은 연결이라는 의미다. 어느 한 지역에서 일어난 현상이 멀리 떨어진 다른 지역의 날씨와 기후에 큰 영향을 미칠 때 이 용어를 사용한다. (텔레커넥션을 번역해서 원격상관이라고 하기도 하는데, 말 그대로 멀리 떨어져 있지만 서로 관련있다는 의미다.)

> 아주 작은 초기 조건의 변화가 '나비의 날갯짓'이고, 큰 영향을 받은 결과가 '토네이도'다. 흔히 나비 효과를 나비의 날갯짓이 토네이도를 일으킬 수 있다고 직접적으로 이해하곤 하는데, 사실 이는 비유일 뿐이다.

대표적인 것이 아마 한 번쯤은 들어본 적 있는 '엘니뇨' 현상이다. 엘니뇨의 정식 명칭은 '엘니뇨 남방 진동'이다. 진동이라는 단어에서 알 수 있듯이, 일정한 주기로 반복해서 나타나는 현상이다. 즉 엘니뇨가 발생해 영향을 미치는 기간도 있고, 정반대 현상인 라니냐가 발생하는 기간도 있다. 물론 당연히 둘 다 발생하지 않는 중립 기간도 있다.

3~7년을 주기로 반복되는 이러한 텔레커넥션 현상의 발단이 되는 곳은 적도를 품고 있는 에콰도르 근처, 즉 거대한 태평양의 동쪽 끝 남아메리카 서해안이다. 적도 부근에서 부는 거센 동풍[1]을 무역풍trade winds이라고 한다. 이 바람을 이용해 커다란 범선들이 대양을 가로질러 항해하며, 대륙과 대륙을 연결해 무역을 할 수 있었기 때문에 무역풍이라는 이름이 붙었다. 바다 표면의 바닷물은 마치 빗자루로 쓸려가듯이 바람의 영향을 받아 움직인다. 따라서 적도 지방의 따뜻한 바닷물도 무역풍의 영향을 받아 서쪽으로 움직인다. 적도 근처의 남아메리카 서해안에서는, 무역풍을 따라 서쪽으로 이동한 바닷물의 빈자리를 메꾸기 위해 아래쪽에서 차가운 바닷물이 올라온다. 이렇게 에콰도르와 페루 연안을 비롯한 남아메리카 서해안에 차가운 바닷물이 공급된다. 더 많은 산소가 녹을 수 있고 물고기들에게 필요한 영양분도 풍부한 차가운 바닷물은 이

[1] 동풍은 동쪽에서 불어오는 바람일까, 동쪽을 향해 부는 바람일까? 바람을 이야기할 때는 불어오는 방향을 기준으로 한다. 즉 적도 부근에서 동쪽에서 서쪽으로 부는 무역풍은 '동풍'(Easterly)이다.

지역의 어업과 날씨에 중요한 역할을 한다. 이것이 엘니뇨도 라니냐도 발생하지 않는 중립 시기의 안정적인 현상이다.

엘니뇨가 발생하는 시기로 접어들면 서쪽으로 불던 무역풍의 세력이 약해지고, 이 바람을 따라 쏠려가던 바닷물의 흐름도 당연히 약해진다. 즉, 적도 부근에서 서쪽으로 이동하던 따뜻한 바닷물의 흐름이 중립 상태보다 줄어든다. 따라서 남아메리카 서해안에서 따뜻한 바닷물의 빈자리를 메꾸려고 올라오던 찬 바닷물의 공급이 줄어든다. 결과적으로 엘니뇨가 일어나면 남아메리카 서쪽 해안과 인접한 동태평양의 바닷물 온도가 중립 시기보다 상대적으로 높아진다. 엘니뇨 발생으로 수온이 높아지는 현상은 크리스마스 시기에 가장 심해진다. 그래서 아기 예수에 빗대어 스페인어로 어린 남자 아이를 의미하는 '엘니뇨'El Niño라는 이름이 붙었다.

엘니뇨가 발생하면 동태평양의 해수면 온도가 높아진다. 따라서 이 지역 바다에서 증발하는 수증기의 양이 많아지고, 그에 따른 대기의 움직임이 평소와 달라진다. 이 차이는 발생 지역뿐 아니라 광범위한 지역의 기후 패턴에 영향을 준다. 이것이 바로 텔레커넥션 현상이다.

엘니뇨의 영향은 상당히 다양하다. 에콰도르 근처 바다에서 엘니뇨가 발생하면, 우선 남아메리카 서해안 일대의 강수량이 증가해 이 지역의 홍수 위험이 커진다. 발생 지역에서 북쪽으로 3,000킬로미터 이상 떨어진 미국의 남부는 평소보다 습하고 서늘해진다. 그보다 더 위쪽인 캐나다 서부는 예년보다 포근하고 건조해 눈이 적게 내리게 된다. 엘니뇨는 아메리카 대륙에 위치한 나라들뿐 아니라, 광활한 태평양 건너의 기후에도 영향을 준다. 발생지에서 서쪽으로 1만 킬로미터가 넘게 떨어져 있는 호주의 강수량이 평소보다 감소해 산불 발생 가능성이 증가하는 것도 엘니뇨 현상 중 하나다. 그보다 더 서쪽인 인도네시아를 포함한 서태평양 지역까지도 강수량이 줄고 가뭄 발생 가능성이 높아진다.

남아메리카 해안의 바닷물 온도 변화가 반대편의 기후에 이렇게 영향을 미치는 것이 신기할 정도다. 시소처럼 왔다 갔다 주기적으로 반복되고 있는 엘니뇨·라니냐 현상에 기후 변화가 끼어들면 더 복잡해진다. 전체적으로 온도가 올라가고 있는 지구의 상태가 해수면 온도 차이를 수반하는 텔레커넥션 현상에 또 하나의 복잡한 변수로 작용할 가능성이 있기 때문이다. 기후 변화가 엘니뇨에 정확히 어떻게 영향을 미치고 있는지 활발히 연구되는 이유다.

단지 과학만의 문제가 아니다

텔레커넥션처럼 자연적인 현상으로 연결되어 있는 고리도 있지

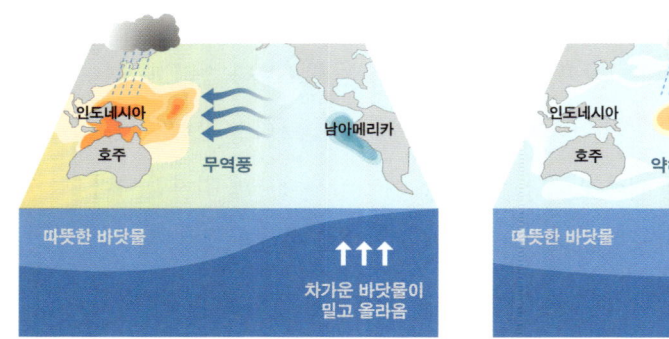

중립 상태　　　　　　　　　**엘니뇨 발생**

대표적인 텔레커넥션 현상인 엘니뇨는 라니냐와 짝을 지어 몇 년을 주기로 발생한다. 엘니뇨도 라니냐도 아닌 중립 시기에는 적도 부근에서 서쪽으로 부는 무역풍을 따라 태평양 표면의 따뜻한 바닷물도 함께 이동한다. 그 빈자리를 채우기 위해 남아메리카 서쪽에서 차가운 바닷물이 심해에서 올라오는데, 영양분과 산소가 풍부해서 이 지역 어업에 도움이 된다. 엘니뇨 발생 시기로 접어들면 무역풍의 세력이 약해져 차가운 바닷물의 공급이 줄어들고, 이 지역 수온이 높아져 비가 더 많이 내리게 된다. 반대로 서태평양 지역에서는 따뜻한 표층 바닷물의 유입이 줄어들어 비가 적게 내리거나 가뭄이 발생하기도 한다.

만, 인간과 지구 환경이 서로 영향을 주고 받는 연결 고리도 있다. 앞서 살펴본 것처럼, 기후 변화의 근본 원인은 산업 혁명 이후 인간이 배출한 이산화탄소로 인해 축적된 열에너지 때문이다. 얼핏 자연 현상으로 취급되는 기후가 사실은 산업구조와 경제 변화에 깊숙이 연결되어 있음을 부인할 수 없는 이유다. 먹거리와 여러 자연 자원을 이용해 삶을 영위하고 있는 우리를 떠올리면, 달라지는 기후가 인간의 삶을 변화시키고 있음을 쉽게 짐작할 수 있다.

MIT에서 나를 지도해 주셨던 교수님은 기후 변화가 단지 과학만의 문제가 아니라는 사실을 일찌감치 꿰뚫고 계셨다. 1997년 미국 하원의 위원회에 출석해 증언도 하셨을 만큼, 기후 변화가 심각한 문제라는 것을 알고 계셨다. 교수님은 이미 1990년대 초부터 경제학 교수님과 협력 연구 센터를 설립해 오랜 기간 운영하셨다. 자연과학과 사회과학을 통합한 시각으로 지구의 변화를 연구하는 이곳에서는, 일주일에 한 번씩 세미나를 하거나 서로의 프로젝트를 발표하면서 배우고 토론하는 시간을 가지곤 했다. 기후 변화와 연관된 에너지, 식량, 수자원 관련 연구를 비롯해, 경제발전 및 환경정책 시나리오들이 받을 영향과 발생할 비용, 편익 분석을 포함한 다양한 주제들에 대해 자유롭게 의견을 교환했다. 이런 분위기 속에서 보낸 나의 박사 과정은, 지구 환경 시스템이 경제 및 사회 시스템과 긴밀한 상호작용을 통해 서로 영향을 주고 있음을 깨닫게 해주었다.

누구에게나 인생의 전환점이 되는 시간들이 있다. 자연과학을 통해 기후 변화를 잘 이해하고 싶어 시작한 대학원 생활이 내게 그런 시간이었다. 지구 환경 변화를 통합적으로 연구하는 센터에서의 경험과, '기후 변화: 경제와 과학, 그리고 정책' 수업은 나의 박사 과정 이후의 진로에 상당한 영향을 주었다. 이때만 해도 다른 학교에서는 찾아보기 어려웠던 과학, 경제, 그리고 정책을 종합해 기후 변화를 다루었던 이 수업은 대기과학 전공인 지도 교수님과 경제학과 교수님이 함께 가르쳤다. 수강생의 구성도 어느 한 전공에 국한되지 않아, 자연과학과 사회과학 전공 대학원생들도 다채롭게 섞여 있었다. 가르치는 교수진도, 배우는 학생도 모두 다양한 지식 분야의 배경을 갖고 있었다. 그 수업에서의 토론과 질문은 그동안 자연과학의 눈으로만 기후 변화를 보던 내 시야를 한층 넓혀 주었다. 그리고 내 연구 주제의 관심을 학제간 연구로 확장하는 중요한 계기가 되었다. 이러한 생각의 전환은 졸업 후 하버드 대학 케네디 스쿨의 지속가능성 과학 프로그램에서의 연구로 이어졌다. 나는 이곳에서 박사후 연구원으로 일하며 기후와 사회경제의 연결 고리를 이해하고, 직접 연구할 수 있는 기회를 얻었다.

커피 마시는 법

"자, 그냥 한 번 마셔 봐."

"어휴, 그거 쓰지 않아?"

"괜찮다니까. 그리고 라떼는 오후에 마시지 않아. 우유가 들었기 때문에 아침 대용으로 마시고, 오후에는 이렇게 에스프레소를 마셔. 이탈리아에서는 집중력이 떨어지고 나른해지는 오후가 되면 에스프레소를 마시며 잠시 휴식 시간을 가진다고. 유럽에서 카페 바깥쪽 길가에 의자 없이 덩그러니 서 있는 키 큰 테이블 본 적 있지? 그런 데서 에스프레소로 카페인을 충전한 뒤 다시 일하러 가는 거야."

파비오를 따라서 주문한 더블 에스프레소가 나왔다. 나는 처음에는 작은 설탕 한 봉지를 다 넣고 난 후에야 겨우 마실 수 있었다.

그런데 신기한 건 몇 달이 지나니 설탕이나 크림 없이 마시는 에스프레소만의 씁쓸한 맛을 알게 되었다는 것이다. 라떼와 에스프레소 마시는 시간이 다르다는 것이 실제 이탈리아의 커피 문화인지, 아니면 자기 주장이 뚜렷한 파비오의 개인적인 의견인지 확인할 길은 없지만 어쨌든 이렇게 에스프레소 마시는 법을 배웠다.

이탈리아 출신 파비오와 콜롬비아계 미국인 마리시오는 하버드에서 박사후 연구원으로 일할 때 같은 팀에 있던 동료들이다. 우리에게 커피는 연구 프로젝트만큼이나 중요한 주제였다. 파비오와 마리시오 둘 다 커피에 진심이어서, 우리 오피스 문 앞에 '커피 한 잔을 마시기 전에는 업무를 시작하지 않는다'라는 표어도 붙어 있을 정도였다. 이 친구들은 교수님에게 강력히 건의해서 에스프레소를 만드는 작은 모카포트까지 구입해 하루에도 서너 번씩 커피를 만들어 다 같이 나누어 마시곤 했다. 어느 나라가 커피 종주국인가 하는 논쟁이 며칠간 지속된 적도 있는데, 그도 그럴 것이 콜롬비아, 브라질, 이탈리아 등 커피에 관해서라면 할 말이 많은 나라 출신들이 포진해 있었기 때문이다. 커피 생산국인 브라질과 콜롬비아 출신의 동료들은 자기 나라에서 생산하는 커피콩에 대한 자부심이 대단했고, 이탈리아 출신 파비오는 자기 나라는 커피를 생산하지는 않지만 로스팅에 관해서는 타의 추종을 불허한다고 말했다. 결론을 못낸 커피 논쟁은, 프랑스 출신 대학원생이 참전하면서 어느 나라의 치즈가 최고인가 하는 논쟁으로까지 번졌다. 한동안 커피와 치즈 종주국 논쟁으로 연구실이 왁자지껄했다.

우리 연구실 식구들이 좀 유난스럽기는 했지만, 사실 먹거리는 국적을 막론하고 모든 사람의 관심사다. 우리 연구실을 뜨겁게 달구었던 커피가 좋은 예다. 커피 원두의 종류는 다양한데, 가장 대표적인 게 아라비카^{Arabica}와 로부스타^{Robusta}다. 전 세계 커피 생산량의 70퍼센트 가까이를 차지하는 아라비카 원두는 브라질에서 가장 많이 생산되고, 로부스타 원두는 베트남에서 가장 많이 생산된다.

기후 변화로 온도가 상승하고 강수의 패턴이 바뀜에 따라 커피 생산량은 큰 영향을 받고 있다. 실제로 2025년 2월 아라비카 커피 원두 가격은 1파운드(약 450그램) 당 4달러가 넘었는데, 지난해 같은 시기의 가격인 2달러와 비교하면 2배나 폭등한 셈이다. 농산물 가격의 상승에는 여러 가지 원인이 복합적으로 작용할 수 있는데, 기후 변화로 인한 극한 기상 현상의 발생이 주요 원인 중 하나다. 아라비카 커피 생산량의 절반을 차지하는 브라질에서 발생한 가뭄으로 커피 생산량이 많이 줄었기 때문이다. 커피 원두의 양대 산맥인 로부스타 커피도 주 생산지인 베트남에 내린 폭우로 수확에 차질이 생기면서 가격이 올랐다.

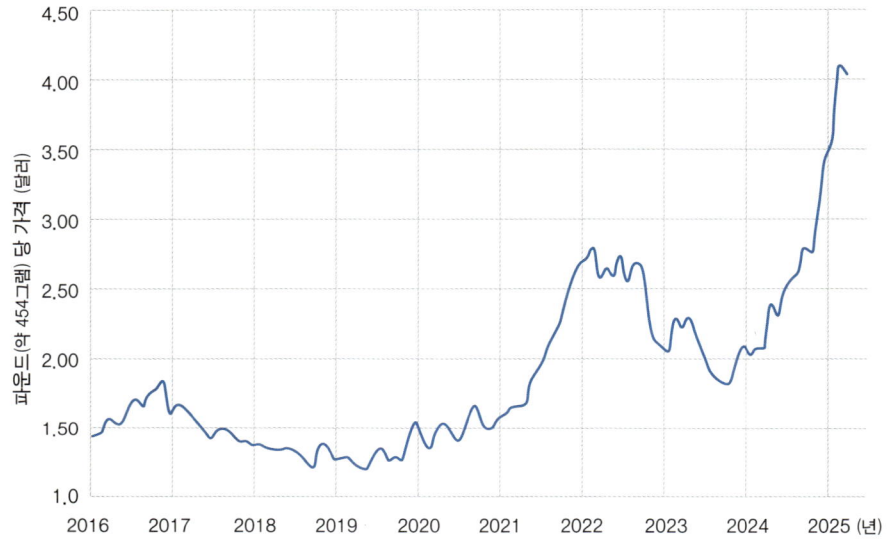

아라비카 커피 원두 도매 가격

2025년 초 아라비카 커피의 원두 도매 가격은 지난해 같은 기간에 비해 거의 2배 가까이 뛰었다. 주 생산지의 이상 기후 영향이 크다.

*국제통화기금 주요 원자산 가격 참조.

이는 올해만의 문제가 아니다. 앞으로도 커피의 미래는 그리 밝지는 않을 전망이다. 커피는 기후 변화의 영향에 상당히 취약해서, 30년 후에는 커피 생산이 가능한 경작지의 면적이 3분의 2에서 절반까지 줄어들 수 있다는 연구 결과가 있기 때문이다. 일부 지역에서는 아라비카 커피 생산이 가능한 곳의 면적이 2080년에는 기존의 10퍼센트에 불과할 수도 있다는 예측도 나오고 있다. 커피를 좋아하는 사람들에게는 그야말로 청천벽력이 아닐 수 없다. 커피가 지속적으로 공급될 수 있을지 불투명해지면, 그야말로 '커피 안보'에 문제가 생길 수 있는 상황이기 때문이다.

사실 커피는 기호품이다 보니 크게 와닿지 않을 수 있다. 하지만 먹거리, 즉 식량 자원의 지속적인 공급에 대한 의문은 훨씬 심각한 문제다. 기후 변화는 이미 농작물 생산에 상당한 영향을 끼치고 있다. 농작물은 종류마다 생장에 가장 적합한 온도 범위가 있고, 필요로 하는 물의 양도 다르다. 상승하는 기온과 변화하는 강수량 패턴으로 인해 재배 환경이 달라지면 생장과 수확량에 영향을 받는다. 물론 지구의 모든 지역에 똑같은 영향이 있지는 않다. 지역마다 온도 증가와 강수량 패턴의 변화가 다르고, 이러한 재배 환경 변화에 영향을 받는 정도도 농작물 종류에 따라 다르기 때문이다.

기후 변화에 취약한 핫스팟으로 주목받고 있는 지중해 지역에서는 올리브 생산량 유지에 어려움을 겪고 있다. 적어도 5,000년 이상 올리브 재배의 역사를 지닌 이 지역의 기후는, 그동안 올리브 나무가 개화하고 열매 맺기에 적합한 조건을 유지해 오고 있었다. 그러나 최근 몇 년 사이의 온도 상승과 오랜 가뭄으로 인해 올리브 생산량이 급감했다. 2023~2024년 그리스에서는 평년보다 줄곧 높았던 온도 때문에 사상 최저치의 생산량을 기록했고, 이 여파가 올리브유 가격에 반영되면서 2024년에는 가격이 2배로 뛰었다.

기온 상승과 건조한 상태가 동시에 생기면 농작물에 미치는 타격이 특히 크다. 원래 건조한 기후의 북아프리카에서는 최근 몇 년에 걸친 가뭄으로 곡물 생산량이 약 10퍼센트 감소했다. 가뭄으로 주 식량원인 밀의 작황이 나빠진 모로코는, 프랑스로부터 밀 수입을 늘려 식량 부족을 해결해야 했다.

변화하는 기후와 맞물린 미래 식량 공급에 대한 예측은 어떻게 되고 있을까? 농업 기술이 발달하면서 전 세계적으로 곡물의 전체 생산량은 계속 증가하고 있다. 하지만 대부분의 과학자들은 기후 변화가 안정적인 작물 공급을 어렵게 만드리라 예상한다.

세계 3대 곡물로 꼽히는 옥수수, 밀, 쌀은 전 세계 곡물 생산량의 약 90퍼센트를 차지하는 대표적인 식량 작물이다. 이대로 기후 변화가 계속될 경우, 이중에서 가장 생산량이 많은 옥수수의 생산성이 21세기 말에는 현재의 4분의 3 정도로 감소할 수 있다는 예측이 있다. 밀의 경우는 전망이 조금 더 복잡하다. 온도 상승으로 인해 고위도 지방으로 경작 가능지가 확대되면서 오히려 생산량이 10분의 1 이상 증가할 수 있다는 연구 결과도 있다. 하지만 기온이 2도 이상 올라가면 오히려 현재 경작지의 생산성이 20퍼센트 이상 감소할 것이라는 예측도 있다. 쌀의 경우, 가장 많이 재배되는 남아시아와 동남아시아 지역의 생산량은 비교적 유지되지만, 그 외 다른 지역의 생산량은 줄어들 것으로 예상된다.

다른 작물에 대한 예측도 속속 나오고 있다. 기후 변화가 작물 생산에 나쁜 영향을 미칠 것이라는 전망이 지배적인 가운데, 다양한 작물의 생산량과 생산 가능지에 대한 평가가 활발히 진행 중이다. 예를 들어, 캘리포니아 아몬드의 경우 기후 변화가 이대로 지속되면, 2100년에는 생산량이 현재의 절반 정도로 감소할 것으로 보인다. 지중해 지역의 아몬드는 약 4분의 3 이하로 감소할지도 모른다. 우리나라에서 재배되는 주요 과일의 경우, 사과의 재배 가능지는 감소하고 감귤이나 단감의 재배 가능지는 증가할 것으로 예측된다.

기후 변화는 농작물 생산에 직접적인 영향을 미치는 것 외에도, 다양한 변수를 통해 식량 생산에 우회적으로 작용한다. 꿀벌의 개체 수 변화가 좋은 예다. 꿀벌은 꽃가루를 옮겨 식물이 열매를 맺도록 하기 때문에 농사에 매우 중요한 곤충이다. 도시화와 살충제 사용의 증가, 환경 오염으로 인해 개체 수가 이미 줄어들고 있는데, 기후 변화로 인한 서식 환경 변화까지 더해지며 꿀벌의 생존과 번식에 또 다른 위협이 되고 있다.

반면 기온이 높아지는 것을 반기는 생물도 있다. 기후 변화로 해충의 번식과 개체 수 증가에 유리한 환경이 되어 농업 생산성에 부정적인 영향을 줄 수 있다. 지금도 전세계에서 생산되는 농작물 중 병해충 피해로 손실을 입는 양이 약 40퍼센트나 된다. 온도 상승은 해충이 겨울을 나기 쉽게 해주며, 기존에 살지 못했던 곳에서도 살 수 있게 해준다. 특히 온대지방에 해충의 영향이 확대될 것이라고 전망되는데, 주요 곡물인 밀, 옥수수, 쌀의 주 생산지가 온대지방이기 때문에 미래의 식량 안보에 부정적인 영향이 예상된다.

생산 과정 외에 식량 공급 시스템 자체에도 기후 변화가 영향을 미칠 수 있다. 극한 기상 현상의 증가는 가공과 운송을 포함해 전체 식량 공급 시스템의 원활한 운영을 방해하기 때문이다. 자국에서 생산된 곡물의 절반 이상을 미시시피강을 통해 운송하는 미국에서는, 2012년 발생한 가뭄으로 낮아진 강의 수위 때문에 대형 바지선의 통행이 금지되었고, 이는 운송 가격의 증가를 불러왔다. 변화하는 기후가 다양한 방법을 통해 식량 공급의 불확실성을 증가시켜 식량 안보를 위협할 수 있음을 보여주는 단적인 예다. 이처럼 여러 요인들을 감안할 때, 곡물 가격을 비롯한 식량 가격은 기후 위기 시대에 대체적으로 상승할 것이다.

기후 변화는 공중 보건과도 밀접한 관련을 맺고 있다. 국제보건기구WHO는 기후 변화가 일으키는 영양 부족을 비롯해, 열 스트레스와 전염병으로 사망하는 사람의 숫자가 2050년까지 해마다 약 25만 명씩 늘어날 것으로 전망한다. 우리 몸은 높은 온도에 노출되면 열사병, 열탈진, 두통, 탈수 등의 고온 스트레스를 겪게 된다. 사실 온도 상승은 이미 우리 건강에 상당한 스트레스로 작용하고 있다. 앞서 언급한 것처럼 유럽에서는 폭염으로 사망하는 사람의 수가 늘고 있고, 온열 질환으로 사망하는 사람이 50퍼센트까지 증가할 것이라는 예상도 있다. 유럽뿐 아니라 전 세계적으로 열 스트레스로 건강에 위협을 받는 사람들은 계속 늘어날 것으로 보인다. 우리나라의 폭염 발생일 역시 꾸준히 증가하고 있고, 밤의 최저기온이 25도 이하로 내려가지 않는 열대야 발생일도 증가하는 추세다. 2024년 여름철 폭염으로 온열 질환을 겪어 응급실을 방문한 환자의 수는 전년 대비 30퍼센트 이상 늘었다.

우리에게 익숙한 단어가 되어버린 미세먼지와 기후 변화의 관계

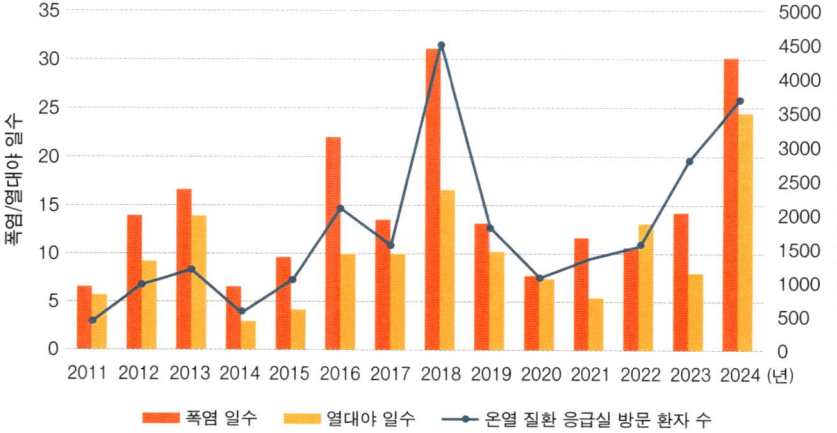

연도별 폭염 일수와 온열 질환자 수

폭염이나 열대야 일수가 늘어날수록 온열 질환으로 응급실을 방문하는 환자 수가 비례해서 늘어나고 있다. 더워지는 지구의 영향을 우리 몸도 겪고 있음을 보여준다.

*기상청 기상자료개방포털 기상현상일수, 질병관리청 온열 질환 감시 체계 운영 결과 참조.

는 좀 더 복잡하다. 미세먼지는 공기 중에 떠다니는 입자 중, 10마이크론▎보다 작아 호흡을 통해 폐까지 도달할 수 있는 작은 입자 그룹을 말한다. 기후 변화

▎마이크론은 길이 단위로 0.001mm를 의미한다. 사람마다 다르지만, 일반적으로 머리카락 굵기가 약 100마이크론이다. 10마이크론은 머리카락 굵기의 10분의 1이다.

로 대기의 온도가 상승하면 대기 정체 현상이 늘어난다. 지역적인 대기 정체 현상은 큰 규모의 대기 순환 영향을 받는다. 추운 극지방은 온난화에 민감하게 반응해 온도가 더 많이 올라간다. 따라서 극지방과 저위도 지방과의 온도 차이가 줄어든다. 그래서 온도 차이가 커야 세게 불 수 있는 제트기류가 약해지고, 구불구불한 패턴을 보이며 중위도에 다수의 고기압과 저기압을 형성한다. 이런 상황에서는 미세먼지와 오존을 비롯한 대기 오염 물질이 흩어지지 못하고 한곳에 계속 쌓이게 되어 대기질이 나빠진다. 21세기 후반이 되면 기후 변화로 인한 한반도의 대기 정체가 지금의 약 1.5배까지 증가할 것이라는 연구 결과도 있다. 대기 정체가 심해질수록 미세먼지가 머무르는 시간이 더 길어져 우리의 건강에 더 큰 악영향을 미친다.

 기후 변화는 몇몇 전염병이 더 자주 발생하기 쉬운 환경을 조성하기도 한다. 특히 물을 통해 병원성 미생물이 전파되며 발생하는 수인성 질병이 일어날 가능성이 높아진다. 수온의 증가는 병원성

미생물이 자라기 쉬운 환경을 제공하고, 폭우와 홍수의 잦은 발생은 수질을 악화시킨다. 결국 장염을 일으키는 바이러스와 이질을 일으키는 병원성 대장균, 식중독을 일으키는 세균이 더 쉽게 퍼지게 된다. 또한 고온 다습한 지역의 증가는 모기나 진드기 같은 매개체 서식에 유리하게 작용한다. 이런 매개체가 옮기는 말라리아와 뎅기열 등의 열대성 전염병도 함께 늘어나고 있다.

충분히 예상되는 기후 변화의 영향 속에서 안정적인 먹거리 공급을 유지하고, 사회 구성원들의 건강을 지켜나갈 대책은 무엇일까? 재배 농산물 종류를 다양하게 하고, 상대적으로 기후 스트레스에 강한 농작물 보급을 장려해야 한다. 충분한 물 공급을 위한 관개 시설의 확충, 기상 예측 능력의 강화 등도 빠질 수 없다. 무엇보다 이러한 정보가 생산자가 편하게 이용할 수 있는 형태로 제때 전달되는 것이 매우 중요하다.

보건 대책으로는 감염병 감시와 예방 체계를 강화하고, 폭염이나 대기질 변화로 발생하는 질병에 신속히 대응할 수 있는 의료체계를 강화하는 일 등이 포함된다.

한편으로 알아두어야 할 것은, 사회의 모든 구성원들이 적응이나 대처를 빠르게 할 수 있는 것은 아니라는 점이다. 정보를 접하기 어렵거나, 대처 방안이 있어도 현실적으로 실행이 어려운 사람들에게 기후 변화는 어떤 의미일까? 폭염과 열대야의 기간이 길어져도 경제적인 문제로 냉방 시설을 마음대로 이용할 수 없는 사람들은 온열 질환에 노출될 가능성이 더 커진다. 저수지 같은 관개시설의 필요함을 알면서도 바로 확충하지 못하는 지역에서는 자연적으로 내리는 비에만 의존해 농사를 지어야 한다. 강수 패턴의 변화에 훨씬 더 취약해진다는 이야기다. 기후 변화로 더 극심한 가뭄이나 홍수가 자주 발생될 수 있다는 전망을 고려하면, 이러한 지역에서 농사를 지어 식량을 공급하는 일은 더 어려워 보인다. 식량 안보나 공중 보건에 얽혀 있는 기후 변화의 영향을 누구나 평등하게 겪는 것은 아니라는 점은, 사회 정의의 측면에서도 많은 생각할 거리를 던져준다.

물, 길을 잃다

 남아메리카 출장이 잡혔다. 어쨌든 같은 '아메리카'이니 그리 멀지 않으리라 생각했지만 내 오산이었다. 가로로 더 길게 그리는 세계 지도에 완전히 속은 기분이었다. 북반구에 있는 보스턴에서 적도를 넘어 남반구의 브라질리아로 이동하는 비행시간은, 태평양을 가로질러 건너는 시간과 크게 다르지 않았다. 경도를 따라 남쪽으로 가는 길은 시차가 나지 않는다는 이점만 있을 뿐이었다. 간신히 브라질리아 공항에 도착했을 때는, 장시간의 비행으로 이미 파김치가 되어 있었다. 입국 수속을 마치고 공항 바깥으로 나오자 열대의 습하고 더운 공기가 확 느껴졌다. 브라질에 온 것이 그제야 실감이 났다.

 브라질은 기존의 수도였던 리우데자네이루와 남반구 최대의 도시 상파울루와 같이 남동부 대서양 해안가의 대도시들 중심으로 발전해왔다. 오랜기간 번성한 해안가 도시들에 비해 내륙 지방은 개발이 덜 되어 있었는데, 내륙 개발을 위해 1960년에 이전한 수도가 브라질리아다.

이 출장에는 커피 종주국 논쟁의 당사자 마리시오와 파비오도 함께했다. 브라질리아에서는 우리 팀에 1년간 방문했었던 브라질 전력회사 임원이 우리를 반갑게 기다리고 있었다. 당시 우리 팀은 기후 변화와 벌목이 아마존 지역 물 순환 변화에 주는 영향에 대해 연구하고 있었다. 브라질은 필요한 전력의 절반 이상을 수력 발전을 통해 생산한다. 따라서 브라질의 에너지 안보는 수력 발전에 영향을 줄 수 있는 강물의 변화와 밀접한 관련이 있다. 유량이 변화하는 폭과 계절별 변화가 커지면, 강물의 낙차와 수량을 이용해 전기를 생산하는 수력 발전에 직접적인 영향을 미치게 된다. 이는 안정적인 전력 공급에 차질을 불러올 수 있는 아주 중요한 일이다.

연구팀이 생각한 이 지역 강물의 변화를 일으킬 수 있는 요인은 크게 두 가지였다. 기후 변화, 그리고 벌목으로 인한 열대우림 면적의 감소다. 강물 역시 기본적으로 지구에서 물이 순환되는 과정의 일부다. 바다나 강에서 증발해 대기로 유입된 수증기의 일부는, 주변 공기가 차가워지면 더 이상 수증기 상태로 버티지 못하고 작

목초지를 만들기 위해 파괴된 아마존 열대우림

은 물방울로 변해 구름을 만든다. 물방울은 근처의 다른 작은 물방울들과 충돌하거나 먼지 같은 입자들을 중심으로 뭉치며 몸집을 불려 나간다. 점점 무거워진 물방울은 어느 순간 중력을 이기지 못하고 땅으로 떨어지는데, 이것이 바로 비다. 나무의 잎이나 흙의 표면에서 증발해 대기로 돌아가는 물을 제외하면, 비로 내린 나머지 물은 땅 위에서 흐르거나 흙속으로 스며든다. 흙은 겉에서 보기에는 촘촘하고 딱딱해 보이지만, 그 안에는 비어 있는 작은 공간들이 상당히 많다. 스며든 물은 이 안에 있던 공기를 밀어내고 그 자리를 대신 차지한다. 만일 비가 계속 내려 이 공간이 물로 꽉 차게 되면 더 이상 흡수되지 못한 물은 땅의 표면을 따라 강으로 흘러 들어간다. 시간이 지나면 흙 속에 머물러 있던 물도 지하수를 따라 강으로 흘러간다. 그러므로 기후 변화로 생기는 강수 패턴의 변화, 즉 극한 호우의 증가나 비가 내리는 시기의 변화는 강물의 유량과 계절별 변화를 일으키는 큰 원인이 된다.

 아마존강은 세계에서 두 번째 긴 강으로 매년 가장 많은 물을 바다로 방류한다. 이러한 아마존 강물을 변화시키는 또 다른 요인은 벌목이다. 브라질 국토의 약 40퍼센트를 차지하는 아마존에는 지구의 허파라고 불릴 정도로 세계에서 가장 큰 열대우림이 자리하고 있다. 그 거대한 숲 사이를 아마존강이 동서로 가로지르며 흐

■ 2001년도의 삼림 분포
■ 2001~2024년 사이에 나무로 덮힌 면적이 반 이상 줄어든 지역

아마존 지역에서는 여전히 벌목이 활발히 일어나고 있다. 숲이 빠른 속도로 가축을 위한 목초지와 대두 생산을 위한 농지로 변하고 있는 것이다. 열대우림이 줄어드는 것과 더불어, 기후 변화로 인한 온도 상승과 강수 패턴의 변화는 아마존 강물의 변동성을 높일 것으로 예상된다.

른다. 열대우림의 남쪽에는 삼림 파괴의 활이라고 불리는 지역이 있는데, 바로 이 곳의 숲이 계속 사라지고 있다. 최근

▌Arc of deforestation. 벌목으로 많은 열대우림이 사라지고 있는 아마존의 동남쪽 부분. 마치 활 모양처럼 생겼다고 해서 붙여진 이름이다.

들어 가장 많은 면적이 사라진 2022년에는 제주도 면적의 5배가 넘는 크기의 삼림이 사라졌고, 2023년에도 여전히 제주도의 2.5배 면적이나 되는 삼림이 자취를 감췄다. 숲이 사라지는 이유는 다양한데, 그 중심에는 경제적 이유가 있다. 초지로 만들어서 가축을 방목하거나 농지로 바꾸어 농사를 짓는다. 또 나무를 판매하기 위해 벌목하기도 한다. 특히 이 지역은 브라질의 대두 생산을 견인하는 곳으로, 전 세계적으로 콩의 수요가 늘어나면서 아마존의 열대우림이 사라지는 속도도 같이 빨라지고 있다.

나무를 벤 자리를 초지나 농지로 만들면 대기로 증발하는 물의 양이 달라진다. 열대우림은 잎이 층층이 많은 나무로 이루어져 있다. 풀이나 농작물의 잎 면적은 이보다 훨씬 작기 때문에, 열대우림이 줄면 증발하는 물의 양도 줄어든다. 또한 큰 나무의 뿌리는 땅 아래 깊게 뻗어 지하수를 뽑아 올릴 수 있지만, 농작물의 뿌리는 얕은 토양층까지만 뻗을 수 있어서 식물이 기공을 통해 내보낼 수 있는 물의 양 역시 자연스레 줄어든다. 따라서 숲이 없어지면 강으로 흘러드는 물의 양을 조절하는 기능이 기존보다 떨어지게

된다. 특히 비가 많이 오는 우기와 거의 내리지 않는 건기의 차이가 분명한 열대 지방에서, 숲의 자리를 농작물이 대신하게 되면 계절별 유량 변동이 심해진다. 이러한 지역적 특성에 기후 변화가 더해지면 아마존 강물의 변동이 커질 것은 충분히 예상할 수 있는 일이다.

만일 당신이 브라질의 수력발전소에서 매니저로 일하며 전력을 안정적으로 공급하는 임무를 맡고 있다면, 앞으로 아마존강에 대한 예측이 더 어려워진다는 것은 결코 좋은 소식이 아닐 것이다. 전력 발전 및 공급 계획을 다시 검토해야 하기 때문이다. 건기에서 우기로 바뀌는 시기가 며칠이라도 늦어지면, 이 기간에는 다른 발전 방법을 사용해 전기 공급을 보충해야 한다. 당연히 추가 비용이 든다. 뿐만 아니라 우기가 시작되어도 강물의 유량이 너무 적어 수력 발전으로 전기를 생산하지 못할 상황을 대비해 전력 수요를 맞추는 방법도 미리 확보해놓아야 한다. 건설을 검토 중인 새로운 수력 발전 댐 계획을 재고하거나 수정해야 할 수도 있다. 브라질의 예가 보여주는 것처럼, 기후의 변화는 수자원의 변동성을 높이고, 나아가 한 지역의 에너지 안보나 경제 발전 계획까지 종합적으로 영향을 미친다.

중요한 자원인 물을 사이에 두고 대치하는 지역들은 세계 곳곳에 있다. 특히 여러 나라를 걸쳐 흐르는 강의 물을 어떻게 배분하고 이용하느냐는 종종 지역적 갈등의 원인이 되기도 한다. 메가 가뭄과 대형 홍수 발생이 증가하며 물 공급의 안정성이 낮아져 수자원 안보, 더 나아가 평화를 위협하고 있기 때문이다.

약 10여 개의 나라가 서로 얽혀 있는 나일강 유역이 대표적이다. 에티오피아가 전력 생산을 주 목적으로 나일강 상류에 건설한 대형 댐은, 하류에 있는 이집트와 수단이 사용하는 강물의 양을 감소시킬 수 있어 두 나라의 반발을 사고 있다. 인도와 파키스탄의 상황도 비슷하다. 두 나라는 강물 분배에 관한 수자원 협정을 맺고 인더스강의 물을 수십 년째 나누어 쓰고 있다. 하지만 기후 변화와 인구 증가의 영향을 고려할 때, 파키스탄에 훨씬 많은 양의 강물을 할당하고 있는 기존의 협정이 개정되어야 한다고 인도는 주장한다. 반대로 파키스탄은 인도의 수자원 인프라 사업 때문에 자국으로 흘러들어오는 인더스강의 유량이 감소할 수 있다고 주장하며 계속 분쟁 중이다. 인더스강을 둘러싼 강물 분쟁은 최근 이 두 나라를 전쟁 직전으로 몰고 간 원인의 하나가 되기도 했다.

미국 서부 캘리포니아주에 위치한 LA에서는 물 부족이 심할 때는 집 앞 잔디에 물 주는 요일을 정한다. 만약 다른 요일에 물을 주다 걸리면 벌금을 부과하기도 한다. 서울보다 많은 인구가 사는 지역이지만, 근처에 큰 강이 없고 비도 자주 오지 않는 사막 기후여서 미국에서 물 스트레스가 심한 대표적인 지역으로 꼽히는 곳이다.

캘리포니아주의 주요 물 공급원은 미국 남서부의 생명줄로 불리는 콜로라도강으로, 약 390킬로미터에 달하는 장거리 수송을 통해 주민들에게 물을 공급하고 있다. 그런데 콜로라도강이 위치한 지역은 2000년 이후 약 25년 동안 기후 변화의 영향으로, 1200년 만에나 한 번 발생할 정도의 심한 메가 가뭄을 겪고 있다. 이 길고 극심한 가뭄과 더불어 산악 지대의 만년설로부터의 물 공급도 불안정해지면서 콜로라도강의 수량은 현저히 줄어들었다. 제한된 수자원 이용에 관한 입장 차이로 물을 나누어 쓰는 주들 사이의 긴장이 높아지면서, 강물 분배에 대한 재협상이 진행 중이다.

▌콜로라도강은 캘리포니아주를 비롯한 미국 서부의 7개 주, 약 4000만 명에게 물을 공급하고 있다. 캘리포니아주와 인공 수로로 연결된 콜로라도강의 저수지 하바수호수와의 거리는 389킬로미터에 이르는데, 이는 서울에서 부산까지의 거리와 맞먹는다.

요즘 마리시오와 나는 동남아시아의 강 흐름 변화 예측에 대한 협업 연구를 진행 중이다. 태국, 캄보디아, 베트남을 비롯한 이 지역 6개국을 가로지르며 흐르는 메콩강은 아시아에서 세 번째로 긴 강이다. 농업과 어업을 비롯해 이 강에 의존해 경제 활동을 하는 사람만 수백 만 명이 넘는다. 그러나 메콩강 지역도 기후 변화의 영향으로 강수 패턴의 변화를 겪고 있다. 가뭄이나 홍수로 인한 경제적인 피해도 증가하고 있다. 아울러 중국이 메콩강 상류에 건설한 댐들이 하류 지역에 있는 나라들의 물 공급을 원활하지 못하게 만들 것이라는 우려가 있어, 이 문제를 둘러싼 갈등이 이 지역에 긴장을 일으키고 있다. 우리가 연구하는 메콩강 변화에 대한 예측 시도가 이 지역의 기후 변화 적응 노력에 어떻게 쓰일 수 있을지 지켜볼 일이다.

네 번째 이야기

미래를 향한 기록

그동안 모두가 손 놓고 있던 것은 아니다

미국 하면 수도 워싱턴 디시를 떠올리는 사람도 있겠지만, 많은 사람들에게 미국의 상징처럼 여겨지는 곳은 뉴욕이다. 빅 애플^{Big} ^{Apple}이라는 애칭으로 불리는 뉴욕은 나에게 특별한 추억이 있다. 박사 과정을 시작하기 전 뉴욕에 있는 UN 본부에서 대학원생 인턴으로 일한 적이 있기 때문이다. 비록 6개월 남짓의 길지 않은 시간이었지만, 20대에 뉴욕에서 살아볼 수 있다는 것만으로도 마냥 좋았다. 작고 낡은 아파트의 심하게 삐걱거리는 마루나 빠듯한 주머니 사정도 문제 되지 않았다. 아무것도 없었지만 전부 가진 듯한 기분으로 살았던 이유는 꿈이 있기 때문이었다.

흔히 UN 본부는 스위스 제네바에 있다고 생각하는데, 미국 뉴욕에도 UN 본부가 있다. 뉴욕 동쪽 끝 허드슨 강가에 위치한 UN

뉴욕의 UN 본부

본부는, 퍼스트 애비뉴와 허드슨강 사이 44번가에서 48번가를 가로지르는 커다란 구역을 차지하고 있다. 맞은편 구역에도 부속 건물이 있는데, 이중에서 42번가에 위치한 UN 경제사회국 안의 작은 큐비클cubicle이 인턴 생활 동안의 내 보금자리였다. 같은 층에 에너지, 교통, 물 등 연관 주제를 다루는 부서들이 있었기 때문에 자연스레 옆 부서에서 일하는 인턴들과도 친해졌다. 네덜란드, 베트남, 독일에서 온 다양한 국적의 친구들과 몰려다니며 각 나라의 음식을 맛보는 재미가 꽤 쏠쏠했다.

뉴욕 UN 본부의 대회의장은 국가와 국가 사이, 국가의 경계를 넘어 같이 대응해야 할 이슈들에 관한 온갖 국제회의가 열리는 곳이다. 국가 간의 협력과 조율이 필요한 일들을 협상하는 것 중에 기후 변화가 빠질 수 없다. 기후 변화를 일으키는 온실가스는 국경을 자유롭게 넘나들기 때문이다. 이산화탄소를 비롯해 대한민국에서 배출하는 온실가스는 한반도 상공에서만 영향을 주는 것이 아니다. 전 세계에서 배출된 온실가스는 대기라는 큰 냄비에 섞여 전 지구적으로 영향을 준다. 기후 변화 문제 해결에 국제적 협력과 조정이 필요한 이유다.

국제 기후 협약은 어떻게 만들어지나

기후 변화에 관한 가장 최근의 국제 조약은 파리 기후 협정이다. 그런데 이 협정이 기후 변화에 관한 최초의 국제 협약은 아니다. 이미 몇십 년 전부터 많은 나라들이 변화하는 기후가 우리 생활에 영향을 미칠 수 있음을 우려해왔다. 1992년 브라질의 리우데자네이루에서 열린 지구 정상회의$^{Earth\ Summit}$에서 변화하는 기후에 관한 국제 사회의 대응 노력이 공식적으로 시작되었다. 이 국제회의에서 세계 대부분의 나라가 '기후에 대한 인간의 개입이 위험할 정도

▌리우 회의라고도 불리는 이 회의에서 '지속 가능한 개발'이라는 개념이 세계적 합의로 도입되었다. 그러나 선진국과 개도국 사이의 의견 대립으로 실효성 있는 국제적 대책을 마련하지 못했다는 비판도 존재한다.

가 되는 것을 막기 위해 온실가스 농도를 일정 수준으로 맞춘다'는 합의에 동의해, UN 기후 변화에 관한 기본 협약$^{United\ Nations\ Framework\ Convention\ on\ Climate\ Change(UNFCCC)}$을 체결했다.

전 지구적으로 영향을 미치는 어떤 환경 문제에 대한 국제적 해결 방안 모색의 첫 번째 절차는, 우선 그 문제에 대한 큰 범위의 합의를 도출하는 것이다. 틀이 되는 구조, 즉 프레임워크^{framework}로 불리는 이 기본 협약에서는 일단 문제 인식과 해결에 대한 동의만 한다. 이 단계에서는 해결을 위해 누가 언제까지 무엇을 할 것인지에 대한 구체적인 세부 내용은 결정하지 않는다. 기본 협약이 만들어

지면 그 밑에 하위 조직인 당사국 총회$^{\text{Conference of the Parties, COP}}$를 만들고, 문제 해결을 위한 구체적 방안을 협상한다. 비유하자면, 기본 협약은 상징적인 의미를 갖는 개막식이고, 당사국 총회를 통해 본 게임이 치뤄지는 것이다.

 기후 변화에 대한 국제 사회의 대응도 이런 관례적인 절차를 따라왔다. 1992년 리우 회의에서 기후 변화에 관한 기본 협약이 체결된 후, 1995년 제1차 당사국 총회를 열었다. 이후 매년 꾸준히 열리는 당사국 총회를 통해 실질적인 해결 방안의 논의와 주요 협약 체결이 이루어졌다. 대표적인 협약이 1997년 제3차 당사국 총회에서 합의된 교토 의정서다. 일본 교토에서 열린 총회를 통해 합의된 이 협약에서는, 이미 경제 개발이 많이 된 나라들 중심으로 온실가스 감축이 결정됐다. 그 당시의 개발 도상국에게는 감축 책임을 지우지 않은 것이다. 또한 탄소 감축을 위해 시장 논리를 이용한 탄소 배출권 거래 시스템과, 탄소 감축 책임이 없는 나라들에 선진국들이 온실가스 저감 투자를 한 후 자국의 감축 실적으로 인정받을 수 있는 메커니즘도 포함했다. 1990년대 말, 이 시기의 분위기는 몇 년 전에 합의한 오존층 파괴와 복원에 관한 몬트리올 협약이 잘 진행된 경험이 있었기 때문에, 비슷한 방법을 사용하면 기후 변화 또한 잘 막아낼 수 있으리라는 자신감과 장밋빛 기대로 가득했다.

그런데 결론부터 이야기하자면, 교토 의정서는 합의한 대로 이루어지지 않았다. 선진국들이 배당받은 양만큼 온실가스 감축을 실행하려면 자국의 경제 구조를 근본적으로 변화시켜야 되는데, 합의 내용이 국내 정치의 반발을 불러일으킨 것이다. 당시에는 지금처럼 기후 변화에 대한 사회적인 관심과 이해도가 크지 않았고, 관련 연구도 지금처럼 활발하지 않았다. 따라서 선진국 리더들이 합의한 탄소 감축 목표는 각국 정치에서 제동이 걸렸고, 여러 나라의 탈퇴로 이어졌다. 교토 의정서는 국제 협약으로서의 실효성을 잃기 시작했다.

감축을 시작하기로 한 2008년이 다가왔지만, 국제 사회는 이대로는 온실가스 감축이 합의 내용처럼 실행되지 않을 것이라는 현실을 자각했다. 다급한 마음에 국제 사회의 정상급 지도자를 모아 다시 합의를 도출해보자는 아이디어가 나왔다. 하지만 2009년 덴마크에서 열린 제15차 당사국 총회에서 시도한 이 아이디어는 실무적인 내용에 대한 준비가 부족했고, 충분한 소통도 이루어지지 않아 의미 있는 합의에 이르지 못하고 불발로 끝났다.

대신 이러한 일련의 일들을 거울 삼아 다른 관점에서 노력해보자는 움직임이 생겼다. 2010년대로 넘어오면서 1990년대 말 교토 의정서가 체결되었을 때와는 다른 두 가지 큰 변화가 있었기 때문이다. 바로 기후 변화에 대한 사회적 관심과 인식이 크게 증가한 것이었다. 예전에는 기후 변화가 과학자들만 이야기하는 뜬구름 잡는 것처럼 들리는 주제였다면, 이제 그동안 누적된 온도 상승의 영향이 일상 생활에서도 나타나기 시작했다. 많은 사람들이 폭염과 극한 호우 등 변화하는 기후의 영향을 직접 경험하기 시작했고, 기후 변화는 과학의 영역을 벗어나 생존을 위협하는 사회적인 이슈가 되었다.

또 다른 중요한 변화는 세계 경제 구조가 달라졌다는 사실이다. 중국과 인도로 대표되는 개발 도상국들의 경제 규모가 급속도로 커지게 되었고, 그에 따라 이 나라들이 배출하는 온실가스의 양이 큰 폭으로 증가했다. 단적인 예로 2005년부터 중국이 배출하는 온실가스의 양이 미국을 앞지르기 시작했다. 현재 탄소 배출량 1위는 중국, 2위는 미국이다. 전체 배출량의 약 30퍼센트가 중국에서, 약 13퍼센트가 미국에서 나온다. 중국이 미국에 비해 매년 두 배 이상의 이산화탄소를 배출하고 있는 셈이다.

▎2023년을 기준으로 탄소 배출 1위인 중국이 배출하는 양은 119억 톤, 2위인 미국이 배출하는 양은 48억 톤이다. 대한민국은 6억 톤이 넘는다. 얼핏 보면 적어 보이지만 국토 면적과 인구를 생각해야 한다.

물론 한 번 배출되어 대기에 남은 이산화탄소가 사라지지 않고 계속 적외선 검문소의 역할을 하고 있다는 사실을 생각해보면, 과

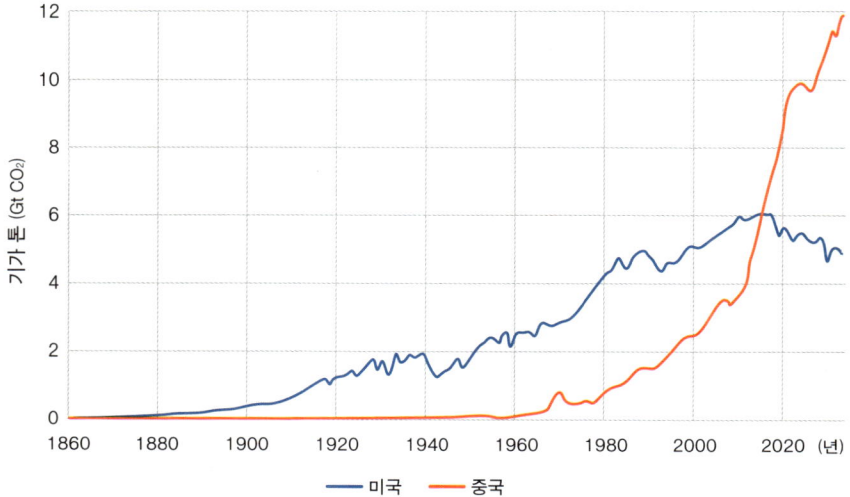

미국과 중국의 이산화탄소 배출량

매해 배출하는 이산화탄소의 양은 2000년대 초까지 미국이 가장 많았으나, 2005년을 기점으로 중국이 미국을 앞지르기 시작했다. 하지만 과거에 배출한 이산화탄소를 모두 합친 누적량은 여전히 미국이 더 많다.

＊Global Carbon Budget(2024) 참조.

거에 배출한 양을 다 합친 누적값은 여전히 중요하다. 1850년 이후 배출한 온실가스 배출량을 다 더하면 여전히 미국이 가장 많다. 유럽 연합도 지금은 배출량을 비약적으로 줄였지만, 과거에 배출한 탄소가 워낙 많기 때문에 기후 변화에 대한 기여도가 적지 않다. 1997년 교토 의정서에서 경제 개발을 상대적으로 늦게 시작한 나라들이 탄소 감축 의무를 지는 것이 불공평하다고 했던 논리는 바로 여기에 근거했었다. 하지만 중국 또한 2005년 매해 탄소 배출량 1위로 올라선 뒤, 과거로부터의 누적 배출량을 다 합치면 벌써 10퍼센트 이상 지구 온난화에 기여해오고 있다. 게다가 중국과 인도 두 나라 모두 매해 배출하는 탄소의 양이 2000년대 초반보다 두 배 이상 늘었다. 이렇게 개발 도상국의 대표주자들이 무시할 수 없는 양의 탄소를 배출하게 되면서, 선진국에게만 온실가스 감축 의무를 지워야 한다는 논리의 지지 근거가 약해졌다. 무엇보다 기후 변화의 영향을 실제로 겪기 시작하면서, 누구는 감축하고 누구는 하지 않아도 된다는 논리보다 모두가 노력해야 한다는 위기 의식이 더 높아지게 되었다.

파리 기후 협정

이러한 분위기를 바탕으로 다년간의 준비를 거쳐 체결된 국제 협약이 바로 파리 기후 협정이다. 2015년 프랑스 파리에서 열린 제21차 당사국 총회에서, 우리나라를 포함한 196개 나라에서 채택되었다. 이 협정의 중요 목표는 산업 혁명 이전과 비교해 지구 온도가 2도 이상 상승하지 않도록 하는 것이었다. 그런데 그 이후 2도 상승이 미칠 기후 변화의 영향이 1.5도 상승보다 상당히 심할 것이라는 연구 결과가 있었고, 이를 반영해 2017년 "2도 상승보다 낮게 유지하고, 1.5도 이하로 온도 상승 폭을 억제하도록 노력하는 것"으로 수정되었다.

온도 상한선 목표 수정에는 기후 변화의 위기감을 강하게 느낀 몇몇 나라들, 특히 해수면 상승으로 실질적인 피해를 겪기 시작한 섬나라들의 요구가 컸다. 이 나라들은 2도 상승 제한은 너무 느슨하다며 목표를 1.5도 상승 억제로 수정할 것을 요청했다. 이때만 해도 2도 상승과 1.5도 상승이 미치는 영향에 대한 종합적인 비교 평가가 없었기 때문에 결정을 위한 과학적 근거가 필요했다. 기후 변화에 관한 정부간 협의체Intergovernmental Panel on Climate Change, 줄여서 IPCC라고 불리는 조직이 그 과학적 근거를 제시했다. 기후 위기에 관한 뉴스에 자주 등장하는 이름이다. IPCC는 6~7년을 주기로 기후 변화에 대한 종합 평가 보고서를 편찬하고, 필요할 때에는 특별 보고서도 발간한다.

바로 그 특별 보고서를 의뢰받은 IPCC가 전 세계 연구자들이 발표한 연구 결과를 평가했고, 1.5도 온도 상승이 야기할 위험이 기존에 생각한 것보다 높다는 결론을 내렸다. 이러한 평가에 따라 목표 수정을 요청한 나라들의 의견이 받아들여졌고, 파리 기후 협정의 목표는 가능한 한 1.5도 상승 억제로 수정되었다.

그러면 대체 어떻게 줄여야 할까? 파리 기후 조약은 교토 의정서와 달리 온실가스 감축 목표를 합의하지 않았다. 지구 온도 상승 억제 목표만 합의했을 뿐이다. 앞서 살펴본 과학적 사실을 응용해 보면, 지구의 온도 상승폭은 대기에 있는 적외선 열에너지 검문소의 개수, 즉 온실가스의 양이 결정한다. 따라서 질문은 온도 상승 제한 목표를 이루기 위해 앞으로 이산화탄소 배출을 얼마나 줄여야 하는지로 자연스레 넘어간다.

이 계산의 결과는 1.5도 특별 보고서에 이미 나와 있다. 온도 상승폭을 1.5도로 억제하려면, 2030년 전에 탄소 배출량의 정점을 찍고 꾸준히 줄여서 이번 세기의 중반, 즉 2050년 경에는 탄소 중립의 수준까지 가야 한다는 것이다. 이 상황에 도달하면 지구의 온도가 상승하는 것을 현저하게 늦출 수 있다.

다만 탄소 중립에 도달해도 그 시점에 바로 지구의 온도 상승이 멈추는 것은 아니다. 이미 배출한 여분의 온실가스, 즉 대기에

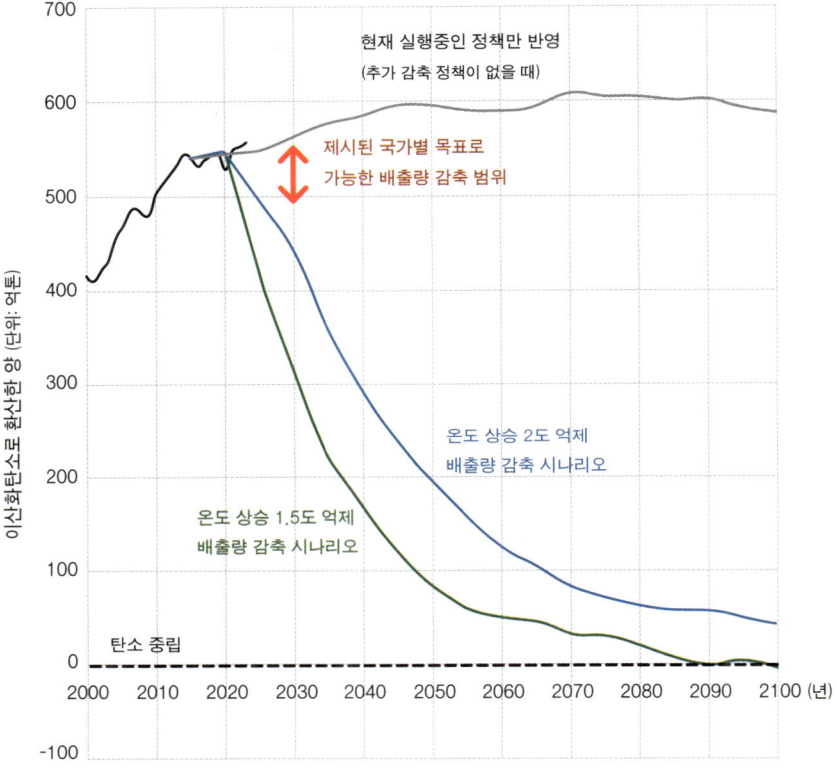

온도 상승 제한 목표 달성을 위한 탄소 배출량 감축 시나리오

여러 나라가 제시한 2030년 국가별 감축 목표(NDC)가 계획대로 실행된다고 가정해도, 파리 기후 협정의 온도 상승 억제 목표인 1.5도나 2도 상승 억제를 달성하기에는 아직 부족하다. 각 나라의 보다 적극적인 탄소 감축 노력이 필요하다는 사실을 보여준다.

* IPCC 제6차 기후 평가 종합 보고서 그림 SPM.5a 자료, 2023
  국가별 감축 목표 보고서 NDC Synthesis Report 참조.

남아 있는 적외선 검문소들이 계속 일하고 있기 때문이다. 하지만 제시된 시점에 탄소 중립을 달성하게 되면, 지구 온도 상승의 폭을 늦추어 상한선 목표에 도달하거나 상한선을 크게 넘지 않게 해준다.

파리 기후 협정에는 지구 단위의 탄소 감축 목표뿐 아니라, 국가별 탄소 감축 목표도 지정되어 있지 않다. 파리 협정의 중요한 특징이다. 대신 이 협정에 참여한 각 나라는 5년마다 한 번씩 스스로 감축 목표를 제시하고 모두에게 공개해 무언의 압력으로 작용하게 한다. 그리고 5년마다 한 번씩 업데이트해야 하는 탄소 감축 목표는 그 이전 목표보다 더 발전되어야 한다.

언뜻 생각하면 스스로 감축 목표를 제시하는 방법은 효과가 있을 것 같지 않다. 그래서 여러 장치를 만들어 두었다. 우선 협정 채택 약 1년 전인 2014년에 온실가스 배출량 1위 중국과 2위 미국이 이 협정에 동참하겠다는 공동선언을 했다. 일종의 동참 격려 분위기를 조성한 것이다. 또한 조약 체결 이후에도 각 나라가 얼마나 잘하고 있는지를 모니터링하는 장치도 마련해두었다. 5년마다 중간 평가를 해 각 나라에서 제시한 감축 목표를 모두 더한 총 감축량이 지구 온도 상승 억제 목표에 얼마나 근접하고 있는지 점검한다. 2023년의 첫 번째 중간 평가에서 현재 각 나라의 탄소 배출량 감축 계획으로는 온도 상승 억제 목표를 이루기 힘들다는 평가가 나왔다. 따라서 각 나라는 다음 번 감축 기여도 계획에 이 결과를 반영해 탄소 배출을 더 많이 줄여야 한다.

1992년의 리우 회의를 시작으로 기후 변화에 대한 대책은 국제 사회에서 꾸준히 논의되어왔다. 그럼에도 사이다 같은 해결책이나 속 시원한 진행이 없었던 것은 사실이다. 미국의 트럼프 대통령이 이미 맺은 국제 협정에서 돌연 탈퇴하는 행보를 보일 때는 일견 퇴보하는 것처럼 느껴지기도 한다. 하지만 지난 30여 년 동안 기후 변화에 대응하기 위해 국제 조약을 만들고 실행하며 애써 온 기록은, 누군가는 포기하지 않고 계속 노력해왔음을 보여준다.

공공정책 수업을 들으면서 기후 조약에 나오는 몇 문장을 자세히 분석해본 적이 있다. 의미 없이 그 자리에 있는 단어는 단 한 개도 없었다. 국제 협상에서는 여러 나라가 합의한 내용을 발표하기까지 단어 하나의 선택이나, 심지어는 문장 안의 단어 배열을 놓고 몇 시간씩, 때로는 밤을 새우면서까지 치열하게 토론한다. 불완전해보이는 국제 기후 조약의 역사는, 오히려 모두가 손을 놓고 있었던 것이 아니었음을 반증하고 있는지도 모른다.

알고 보니 밀접한 관계

현재 우리나라의 탄소 배출량과 감축 상황은 어떠할까? 이를 파악하는 것은 기후 위기 타개를 위한 해결책의 시작이기도 하다. 우리나라의 탄소 배출량은 2018년에 최고점을 찍었고, 이후 5년간 최고점 대비 약 12퍼센트 가량 줄어들었다. 전력 생산에서 석탄을 이용한 화력 발전의 비율을 줄인 것이 그 요인이다.

최고점을 찍은 후 배출량을 점점 감소시키는 것이 첫걸음인 것은 맞다. 그런데 미국은 2007년에, 유럽 연합은 그보다도 훨씬 이전인 1990년에 탄소 배출량의 최고점을 찍고 이미 줄여오고 있다. 탄소 배출량 1위인 중국은 아직 최고점에 다다르지 않았지만 곧 다다를 것이라고 본다. 인도나 인도네시아처럼 아직 최고점을 찍지 않았고, 방출량도 계속 늘어나리라 예상되는 나라들도 있다.

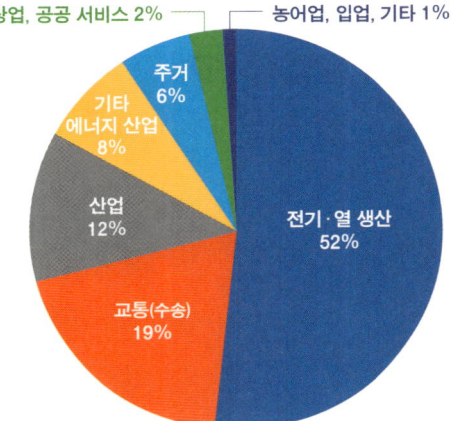

2022년 대한민국의 분야별 탄소 배출

탄소는 우리 사회의 다양한 분야에서 배출되고 있다.
탄소 감축 목표의 효율적인 달성을 위해서는
에너지 생산 방법의 근본적 변화가 필요하다.

＊국제에너지기구의 대한민국 탄소 배출 자료 참조.

우리나라는 이미 2018년에 연간 탄소 배출량 최고점을 찍었고, 해마다 배출량이 줄고 있으니 괜찮다고 생각할 수도 있다. 문제는 여전히 탄소 배출량이 너무 많다는 것이다. 우리나라의 목표는 2030년까지 최고점 배출량의 35퍼센트 이상을 줄이고, 장기적으로 2050년에 탄소 중립을 달성하는 것이다. 이를 위해서는 지금보다 더욱 적극적으로 탄소 배출을 줄여야 하는데, 말처럼 쉬운 일은 아니다.

탄소 배출을 효과적으로 줄이려면 어디에서 탄소가 배출되는지 알아야 한다. 국제에너지기구의 자료에 따르면, 2023년 기준 우리나라 탄소 배출의 절반 이상이 전기와 열에너지 생산에서 발생했다. 또 다른 5분의 1 가량은 도로 수송, 즉 우리가 이용하는 교통수단에서 발생했다. 우리나라의 주요 탄소 배출이 에너지의 생산 및 소비와 밀접한 연관을 가지고 있다는 뜻이다. 그러므로 기후 위기 극복을 위해 탄소 배출 저감을 실현시키려면 에너지의 생산과 소비구조의 변화가 필요하다.

탄소 중립을 향한 에너지 정책

에너지 생산과 소비에서 탄소 저감 혹은 탈탄소^{decarbonization}를 하기 위한 스케치는 다음과 같다. 일상 생활에서 사용하는 에너지원을 최대한 전기 에너지로 바꾸고, 전기 생산을 탄소 배출이 적은 발전 방법이나, 화석 연료를 사용하지 않는 무탄소 발전 방법으로 전환하는 것이다. 화석 연료를 사용하는 가솔린이나 디젤 자동차를 타면 자동차 하나하나가 이산화탄소 배출원이 되어 통제가 어렵다. 건물 난방에 석유나 가스 등의 화석 연료를 사용하는 경우도 마찬가지다.

전력 생산에서의 탄소 배출량 감소를 위해 최근까지 여러 나라가 사용해온 방법 중 하나가, 화력 발전소의 연료를 석탄에서 천연가스로 바꾸는 것이다. 물론 천연가스를 이용한다고 이산화탄소가 아예 나오지 않는 것은 아니다. 하지만 같은 양의 전기를 생산할 때 기준으로 석탄의 약 40퍼센트 정도로 줄어든다. 아예 탄소를 배출하지 않으면 좋겠지만 현실적으로 무탄소 발전을 갑자기 대량으로 늘리는 것이 어렵기도 하고, 기존의 발전 설비를 계속 이용할 수 있기 때문에 많은 나라들이 이 방식을 택했다. 미국은 이 방법으로 2005년에 탄소 배출량 최고점에 다다른 후 약 17퍼센트 배출량 감축에 성공했다.

하지만 장기적으로 탄소 중립을 이루기 위해서는 무탄소 발전 방법을 이용해야 한다. 전력을 생산할 때 탄소를 아예 배출하지 않아야 한다는 의미로 재생 에너지 이용과 원자력 발전이 여기에 해당한다. 재생 에너지는 이름 그대로 따로 연료를 공급하지 않아도 지속적인 에너지 생산이 가능한 방법이다. 흐르는 물의 낙차를 이용하는 수력 발전, 태양 에너지를 이용하는 태양광 발전, 바람의 힘을 이용하는 풍력 발전, 땅속의 열에너지를 이용하는 지열 발전 등이 모두 포함된다. 자연에 이미 존재하는 에너지의 형태를 우리에게 필요한 전기 에너지로 바꾸는 방법이기 때문에 탄소가 배출되지 않는다.

이중 가장 역사가 긴 방법이 수력 발전이다. 전 세계적으로 가장 큰 재생 에너지원이기도 하다. 강물의 낙차를 이용해 터빈을 돌려 전기를 생산하는데, 자연 조건의 영향을 받는다는 단점이 있지만 효율적으로 전기 에너지를 얻을 수 있다. 수자원이 풍부한 나라들은 이 장점을 살려 청정 에너지원으로 사용하고 있다. 앞서 언급한 브라질은 전력 생산의 절반 이상을 수력 발전에 의존하고 있고, 베트남도 전력의 약 3분의 1을 수력 발전을 통해 공급한다.

재생 에너지를 이용한 또 다른 대표적 방법은 태양광이나 풍력을 이용한 발전이다. 태양광 발전은 햇빛을 전기로 바꾸는 방법이다. 반도체 물질로 만든 작은 태양 전지를 여러 개 붙인 판을 이용해 전기를 생산하는데, 최근 10~20년간 사이에 많이 저렴해졌다. 다만 해가 떠 있을 때만 발전이 가능하고, 발전원들이 작은 단위로 곳곳에 흩어져 있어 기존의 중앙 전력망에 연결하는 일이 쉽지 않다. 풍력 발전은 바람의 에너지를 이용해 터빈을 돌려 전기를 생산하는 방법이다. 초기에는 바람이 센 내륙에 설치했으나, 최근에는 장소의 한계를 극복할 수 있고 장애물이 적은 해상 풍력이 개발되어 상용화되고 있다. 풍력 발전의 터빈 역시 가격이 많이 저렴해졌다. 지열 발전은 땅 아래의 열에너지를 수증기 형태로 끌어올려 전력을 생산하는 방법이다. 환경에 구애받지 않고 24시간 안정적인 전력 공급이 가능하다는 것이 큰 장점이다. 하지만 뜨거운 바위와 물이 같이 있어 수증기가 발생하는 곳, 즉 자연적으로 알맞은 조건을 가진 곳에서만 가능하다는 것이 단점이다. 이를 극복하고 지열 발전의 잠재력과 이점을 활용하기 위해 물을 주입해서 열을 끌어올리는 차세대 지열 발전이 개발 중이다.

재생 에너지는 아니지만 원자력 발전 또한 탄소를 배출하지 않고 전기를 생산하는 무탄소 발전 방법이다. 전 세계 전력 공급의 약 10분의 1을 담당하고 있는 원자력 발전도 탄소를 배출하지 않고 안정적인 전력 공급이 가능하다. 그러나 발전소 건설에 비용과 시간이 많이 들고, 폐연료의 완전한 처리 방법이 현재로서는 없다는 단점이 있다. 핵폐기물 문제는 원자력 발전에 가장 큰 걸림돌이 되고 있다. 차세대 원전으로 전망되는 것이 소형 모듈러 원전인데,

발전소를 구성하는 요소들을 작은 모듈로 만들어 발전소 현장에서 조립하는 방식이다. 대량 생산이 가능해지면 건설 비용을 줄일 수 있을 것으로 예상되며, 반응기의 크기가 기존의 약 10분의 1로 작아 지금의 원자력 발전소보다 상대적으로 안전하다. 빌 게이츠가 투자한 기업 테라파워는, 건설 비용을 절반 정도로 절감할 것으로 예상되는 소형 모듈러 원자력 반응기를 개발해 상업화를 준비 중이다.

이렇게 다양한 저탄소·무탄소 발전 방법을 조합해 효과적으로 탄소를 줄이며 전력을 생산하기 위해서는, 각 나라별 에너지 정책이 아주 중요하다. 사실 기후 위기 해결을 위해서는 어떠한 방법을 사용하든, 배출되는 탄소의 양을 감축해서 대기로 나가는 이산화탄소 양을 줄이기만 하면 된다. 그러므로 여러 가지 재생 에너지 발전 방식과 원자력 발전의 비율을 어떻게 조절해 활용할 것인가는 각 나라의 상황과 국민 인식에 따라 다르다.

예를 들어, 독일은 원자력 의존도를 0퍼센트로 줄이고 전력 공급의 절반 정도를 재생 에너지로 생산한다. 반면, 프랑스는 국가 전력 공급의 60퍼센트 이상을 원자력 발전으로 충당하고 있다. 이처럼 나라마다 무탄소 발전 방법의 운영 방식은 다르지만, 유럽 연합 단위로는 2024년 전력 생산량의 70퍼센트 이상을 무탄소 발전으로 생산했다. 참고로 유럽 연합의 2023년 탄소 배출 감소폭은 사상 최대를 기록했다.

2024년 우리나라의 경우 전체 전력 공급의 32퍼센트를 무탄소 발전 방법인 원자력으로 생산해, 처음으로 원자력이 국내 최대 발전원이 되었다. 석탄과 천연가스를 이용한 화력 발전으로는 각각 28퍼센트의 전력을 생산했다. 또한 이 해의 재생 에너지 발전 비율은 처음으로 10퍼센트를 넘어섰다.

미국에서는 빅테크로 불리는 주요 IT 기업들이 자체적인 탄소 중립 목표를 세우고 실천 중이다. 특히 인공지능 사용을 위한 데이터 센터의 전력 수요 증가를 감당할 무탄소 전력원에 관심을 보이고 있다. 구글은 네바다주의 데이터 센터에 차세대 지열 발전을 이용한 전력 공급 계약을 맺었다. 마이크로소프트사는 수익성이 낮아 가동이 중지된 매릴랜드주의 원자력 발전소를 구입해 재가동을 준비 중이다.

그런데 무탄소 전력 생산을 열심히 늘린다고 해도, 전기 에너지를 이용하는 데는 아쉬운 점이 있다. 전기는 아직 대용량 저장이 어렵다는 것이다. 안전한 연료 형태로 먼 거리 수송이 가능한 석유나 천연가스와 비교해보면, 전기는 저장이나 수송이 용이하지 않다. 그것이 전기 에너지의 약점이다. 건전지나 배터리를 떠올릴 수도 있지만, 그런 방식으로 저장할 수 있는 것은 전체의 일부에 불과하다. 만일 대량의 전기 에너지를 안정적인 형태로 오래 저장하는 기술이 개발되어 상용화된다면, 무탄소 발전 방법으로 생산한 전기를 저장해두었다가 필요한 장소에서 사용할 수 있어 탄소 배출 저감에 도움이 될 것이다.

  무탄소 발전으로 생산한 전기를 수송이 용이한 연료의 형태로 바꾸어 저장하는 방법도 개발 중이다. 예를 들어, 물을 전기로 분해하면 수소를 얻을 수 있는데, 만약 무탄소 발전으로 생산된 전기를 사용하면 수소는 탄소를 전혀 배출하지 않는 연료가 된다. 수소의 연소 과정에서는 물만 나오고 탄소가 배출되지 않기 때문이다. 이렇게 생산된 수소를 그린 수소라고 한다. 그린 수소는 전기보다 저장과 수송이 쉬워 연료로 사용이 가능하다.

  우리 생활과 더 가까운 탄소 배출 저감 방법도 있다. 기존 건물에 있는 조명을 에너지 효율이 높은 것으로 바꾼다든가, 단열을 높이는 리모델링, 고효율 냉난방 설비로의 교체를 통해 건물의 에너지 효율을 높여 탄소 배출을 줄일 수 있다. 새로 짓는 건물과 새로 생산되는 가전제품에 더 높은 에너지 효율 등급을 적용하는 것도 도움이 된다. 산업 현장에서의 에너지 효율을 높이는 일들도 모두 탄소 배출을 줄이는 데 도움이 된다.

전체 탄소 배출량의 절반 이상이 전력과 열 생산, 도로 수송에서 배출되는 우리나라의 상황을 고려할 때, 에너지 생산과 소비는 기후 위기에 대응하는 솔루션과 밀접하게 연결되어 있다. 화석 연료의 직접 사용 대신 에너지 공급원을 전기로 바꾸고, 무탄소 전력 생산 방법으로 탄소 배출을 줄이며, 동시에 에너지 사용에 있어 에너지 효율을 높이는 일은 기후 위기를 극복하는 데 매우 중요한 열쇠라고 할 수 있다.

집 나간 탄소를 다시 불러올 수 있을까

에너지의 생산과 소비 구조의 변화는 탄소의 배출량을 줄여 대기의 이산화탄소 양을 줄이기 위한 방법이다. 그렇다면 탄소의 흡수량을 늘리는 방식은 어떨까? 대기의 이산화탄소를 흡수하거나, 혹은 배출하는 곳에서 곧바로 붙잡아 저장하는 것은 과연 현실적으로 가능할까? 만약 이런 방식으로 탄소를 흡수한다면 순 탄소 감축량의 변화에 얼마나 기여할 수 있을까?

이산화탄소 제거$^{Carbon\ Dioxide\ Removal,\ CDR}$는 대기 중의 이산화탄소 제거를 위한 여러 방법을 통틀어 부르는 말이다. 탄소 중립을 위한 중장기 계획에 꼭 필요한 기술로 여겨지고 있기도 하다. 대기로 나간 탄소를 다시 불러들이기 위한 아이디어는 여러 가지가 있는데, 크게 기술의 혁신을 통하거나 자연의 처리반을 종합적으로 이용하는 두 가지의 방법으로 구분된다.

기술 혁신을 통한 이산화탄소 제거

기술의 혁신을 통해 기후 위기에 대응하는 방법은, 개발되기만 하면 모든 문제를 해결할 마법 같은 기술로 들린다. 또 한편으로는 실현 가능성이 희박한 허황된 이야기로 들리기도 한다. 탄소 감축을 위한 기술들은 현재 어디까지 개발되어 있을까? 그리고 이 기술들은 정말로 기후 위기 해소에 도움이 될까?

기후 평가 보고서는 이산화탄소 제거 기술을 탄소 중립을 위한 필요 기술로 고려하고 있다. 우리 주변의 대기에서 이산화탄소를 걸러내는 직접 포집과, 산업에서 고농도로 배출되는 이산화탄소를 붙잡아 땅속에 저장하는 탄소 포집 이용 저장 기술이 대표적이다.

직접 포집 기술$^{\text{Direct Air Capture, DAC}}$은 아직 개발 단계에 있다. 이 기술은 공기에서 이산화탄소를 걸러내 화학적인 방법 등으로 흡수한 다음, 공기만 다시 내보내고 흡수된 이산화탄소를 분리 회수하는 것이다. 문제는 대기 중의 이산화탄소 농도가 그다지 높지 않다는 데 있다. 평균 약 0.04 퍼센트 (이렇게 적은 농도의 이산화탄소가 늘어나는 것으로 지구의 온도가 높아지고 있다!) 정도이기 때문에, 거르고 흡수하는 과정을 수행하기 위해서 에너지가 필요하다. 이때 무탄소로 생산한 전기를 사용하면 탄소 감축에 실제적인 효과를 볼 수 있다.

직접 포집 기술을 테스트하는 여러 개의 파일럿 공장이 미국에서 가동 중이지만, 아직 기술적으로는 시연 단계에 그친다. 현재 대규모 단일 프로젝트로 이산화탄소를 직접 포집하고 있는 공장은 아이슬란드에 있는데, 지열을 활용해 가동 중이다. 하지만 탄소 직접 포집 기술은 아직 세계 어디서도 대규모의 상용화 단계까지 이르지 못했다.

한편 포집한 이산화탄소 저장 기술은 이미 개발되어 상용화가 가능한 단계에 있다. 탄소 포집 이용 저장 기술$^{Carbon\ Capture,\ Utilization,\ and\ Storage,\ CCUS}$인데, 포집된 이산화탄소를 다른 용도로 이용하거나 땅속의 공간에 가두어 저장하는 기술이다. 직접 포집 기술이 대기로 가출한 이산화탄소를 다시 불러들이는 것이라면, 탄소 포집 저장 기술은 대량의 이산화탄소가 대기로 탈출하기 직전에 막는 것이라고 생각하면 쉽다. 이 기술은 이산화탄소가 고농도로 배출되는 산업체나 탈탄소가 어려운 공정에서 주로 쓰이고 있다. 예를 들어, 석탄 발전소나 천연가스를 이용한 전력 발전소에 탄소 포집 저장 기술을 설치한다면, 그 발전소는 화석연료를 사용해도 무탄소 발전소 혹은 청정 에너지를 생산하는 곳으로 바뀔 수 있다. 탄소

직접 포집 기술

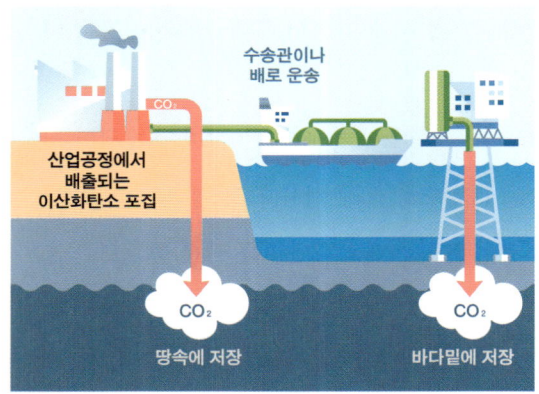

탄소 포집 저장 기술

이산화탄소를 직접 포집하는 기술은 공기 중의 이산화탄소를 걸러 공기는 다시 내보내고, 필터에 흡수된 이산화탄소는 분리해서 회수한다. 현재 개발이나 시연 단계에 있으며, 아직 상용화에는 이르지 못했다. 탄소 포집 이용 저장 기술은 소수의 산업 현장에서 상용화 단계에 이르고 있다. 고농도의 이산화탄소를 발생원에서 곧바로 포집해 다른 용도로 사용하거나, 수송관을 이용해 땅속에 저장하는 기술이다. 지질학적으로 저장이 유리한 지역에 이산화탄소를 고압으로 주입해 저장한다.

포집 저장 기술은 직접 포집 기술과 합쳐 사용할 수도 있고, 농업 부산물을 이용하는 바이오 에너지와 함께 사용도 가능하다. 이미 미국에서는 몇몇 에탄올 공장에서 발효 과정에서 나오는 이산화탄소를 포집하는 데 이 기술을 적용하고 있다.

문제는 시장에서의 가격 경쟁력이 낮다는 것이다. 한마디로 말해서 비싸다는 뜻인데, 산업체에서 이 기술을 적용하기 위해서는 큰 투자 비용이 들기 때문이다. 미국은 이 기술의 도입을 장려하기 위해 세제 감면 혜택을 주면서 정책적으로 유도하기도 했다. 유럽연합은 탄소 감축 목표 실행을 위한 방법 중 하나로 이 기술을 포함시켰지만, 계획한 시기까지 경제성을 확보해 현실적으로 활용할 수 있을지에 대해서는 의견이 분분하다. 우리나라도 2030년 국가 온실가스 감축 목표에 이 기술의 활용을 제시하고 있다.

탄소 포집 이용 저장 기술을 도입하면서 파생되는 이슈들도 있다. 이 기술은 고농도로 배출된 이산화탄소에 높은 압력을 가해 액체 상태로 만든 후 수송관을 이용해 땅속이나 바닷속 퇴적암층에 저장한다. 중요한 점은 '공간'이 필연적으로 확보되어야 한다는 것이다. 토지 주인의 권리가 침해될 수도 있고, 저장된 이산화탄소가 누출될 수도 있어서 우려하는 사람들이 많다. 실제로 미국 일리노이주 에탄올 공장의 땅속 약 1.5킬로미터 깊이의 저장 장소에서 이산화탄소 누출이 발생한 일이 있었다. 다행히 큰 문제로 이어지지는 않았지만 이를 계기로 주 의회에서 관련 법규를 강화했다. '안전한 탄소 포집 저장법'이라는 이름의 이 조례는, 땅속 저장 공간 위에 토지를 소유한 사람들의 권리를 보호하고 이산화탄소 저장 모니터링과 안전에 관한 조건을 강화하는 내용을 골자로 한다. 이러한 정책적 뒷받침이 기술의 도입을 촉진할 수 있기 때문에 정치권의 도움이 필요하다.

약 20~30여 년밖에 남지 않은 2050년 탄소 중립 목표를 이루는 데 이러한 기술들이 정말 쓰일 수 있을까 하는 의문이 당연히 생긴다. 아직 정확히 대답할 수 있는 사람은 아무도 없다. 그러나 2007년 애플이 첫 번째 아이폰을 출시했고, 2008년에 첫 번째 안드로이드폰이 나왔다. 그 후 약 15년 동안 스마트폰은 급속도로 보급되어서, 2024년 우리나라의 스마트폰 보급률은 95퍼센트를 넘었다. 스마트폰이 우리 생활에 밀착된 종류의 기술이어서 그럴 수 있었던 것은 아닐까? 재생 에너지 중에서 가격 경쟁력과 시장 점유율을 빠르게 확보한 기술도 있다. 태양광 발전의 비용은 2009년에 비해 단가가 약 90퍼센트 줄어들었다. 그러면서 시장 점유율도 빠르게 증가해 전 세계 전력의 약 5퍼센트가 태양광 발전을 통해 생산된다.

직접 포집 기술과 탄소 포집 이용 저장 기술이 스마트폰처럼 빨리 보급되어 우리가 원하는 양만큼의 탄소 감축에 이용될 수 있을지는 알 수 없는 일이다. 하지만 이 기술에 대한 연구 투자와 세금 감면 등 여러 정책을 통해 빠르게 상용화시킨다면 이산화탄소 감축에 도움이 될 것이라는 점은 분명하다.

자연 기반 기후 해법

한편 자연의 탄소 흡수 능력을 최대한 이용하는 방법도 제시되고 있다. 자연 고유의 프로세스와 생태계 능력을 활용하는 다양한 아이디어를 통틀어 자연에 기반한 기후 해법이라고 부른다. 기후 위기 완화를 생태계 보존과 회복을 통해 달성하고, 동시에 변화하는 기후에 적응하는 방법을 고민하는 종합적인 접근 개념이다. 자연 기반 해법은 생태계 보전 분야에서는 낯설지 않은 용어였지만, 기후 위기에 대처하는 솔루션의 일환으로 2019년경부터 본격적으로 고려되기 시작했다.

자연의 탄소 처리반들, 즉 땅과 바다가 추가로 배출된 탄소의 절반 가량을 흡수하면서 지구 온도의 급격한 상승을 완화해주는 역할을 해오고 있음은 앞에서 살펴보았다. 육지 생태계의 이산화탄소 흡수와 저장 능력을 보호하는 것은 자연 기반 기후 해법의 대표적 방법이다. 산림의 보호, 관리, 재조성을 통해 탄소 흡수와 저장 능력을 높일 수 있다. 또한 지속 가능한 농법과 토지 관리를 통한 탄소 제거와 저장도 이에 도움이 된다.

바다를 최대한 이용하는 아이디어도 있다. 블루 카본$^{blue\ carbon}$은, '파란색 탄소'가 아니라 연안 지역까지 포함된 바다가 흡수하고 저장하는 탄소를 통틀어 말하는 개념이다. 습지와 갯벌을 보존하고 복원해 탄소 저장 능력을 높이는 것도 포함된다. 탄소 흡수 능력이 뛰어난 해조류 이용은 해조류 양식을 많이 하는 우리나라가 고려해 볼 수 있는 탄소 감축 솔루션이다.

농업, 임업, 어업 등 자연 자원을 직접 이용하는 산업들은 그 특성상 자연 기반 기후 해법의 대상이 될 수 있다. 또한 좋은 정책을 만들어 실행하면 기후 변화 해결을 넘어서 지속 가능한 자원 개발, 환경 보존, 생물 다양성 보존은 물론 경제적인 이익까지 함께 얻을 수 있다. 다만 이러한 자연 기반의 방법들은 기술 혁신을 이용한 탄소 제거법에 비해 이산화탄소가 얼마나 추가로 흡수되는지 정확하게 알 수 없다. 예를 들어 벌목으로 나무를 베어버린 지역이나 산불로 타 버린 지역에 새로 나무를 심는 일이 탄소 흡수에 얼만큼 기여했는지 계산하는 것이 어렵기 때문이다. 그럼에도 자연 기반 기후 해법은 인도네시아를 비롯한 열대우림이 많은 개발도상국에서 탄소 저감 목표를 달성하기 위한 주요 방법의 하나로 채택하고 있다.

그런데 기후 변화가 계속되면서 자연의 처리반들이 지금처럼 일을 해줄 수 있을지가 관건이다. 폭염과 가뭄, 집중 호우와 홍수 등의 극한 기상 현상을 겪으며 식물들의 탄소 흡수 능력이 감소되고 있다는 연구 결과도 있다. IPCC 기후 평가 보고서 역시 땅과 바다의 탄소 흡수 능력이 줄어들 수 있다고 언급하고 있다. 자연 기반 기후 해법의 도입과 적용 규모를 결정할 때 반드시 고려해야 할 점이다.

이외에 우리가 미처 생각하지 못했던 아이디어도 있다. 점점 산성화되는 바다의 중화를 위해 알칼리성 물질을 뿌려 다량의 탄소를 고체 상태 입자로 결합시킨 후 깊은 바다로 가라앉히는 것이다. 자연의 풍화 작용을 가속화시키는 아이디어도 있다. 암석은 오랜 세월을 거쳐 비와 바람에 깎이는데, 이때 나오는 물질이 대기의 이산화탄소와 결합해 석회암이 된다. 자연적으로는 몇백 만 년이 걸리는 일이지만, 이 과정을 가속화 시킬 수 있다면 탄소 포집에 도움이 될 수 있다. 물론 이러한 방법들은 비용 문제, 자연을 대상으로 큰 규모의 실험을 해야 한다는 점, 생태계에 미치는 영향 등의 불명확함으로 인해 상용화되지 않고 있다. 중요한 것은 모두가 탄소를 줄이기 위해 다양한 아이디어를 고심하고 있다는 사실이다.

혁신적 기술을 통한 이산화탄소 제거 방법이나 자연 기반 기후 해법 모두 가출한 탄소를 다시 흡수하는 방법이다. 잘 활용되면 탄소 중립을 이루는 데 도움이 될 것은 확실하다. 그러나 더 중요한 것은 근본적으로 이산화탄소 배출량을 줄이는 것이다. 감축 노력으로 줄일 수 있는 양이 흡수량을 늘려 줄일 수 있는 양보다 훨씬 많기 때문이다. 기후 위기를 벗어나기 위해서는 궁극적으로 대기 안의 이산화탄소 양을 줄여야 한다. 에너지 생산과 소비 구조 변화 등으로 탄소 배출량을 획기적으로 줄이는 것이 가장 중요하다. 물론 탄소 흡수량을 늘리기 위한 노력도 동시에 계속되어야 할 것이다.

우리가 만들어 나갈 기록

아는 동생에게서 전화를 받았다.

"언니, 6년 후에 지구가 멸망한다는 게 사실이에요?"

"아니, 그건 너무 극단적인데. 그럴 것 같지는 않아. 물론 우리가 어떻게 하느냐에 달렸지."

이렇게 이야기하긴 했지만 실제로 그렇게 간단한 문제가 아니다. 앞서 이야기한 여러 해결책이 이미 있거나 개발 중이지만, 실제로 적용하려면 고려해야 할 다른 변수들이 많기 때문이다.

에너지 생산과 소비 방식의 변화가 탄소 중립에 효과적이라는 점은 의심의 여지가 없다. 하지만 석탄 발전소를 닫고 무탄소 발전으로 전환하는 데는 기술적인 문제 이외에 다른 이슈들이 따라온다. 어떤 지역의 경제가 석탄 발전소를 중심으로 돌아가고 있었다면, 그동안 그곳에서 일했던 지역 사람들이 직업을 잃게 된다. 인력의 재고용이나 기술 재교육 등의 상생 방안도 같이 마련되어야 한다는 것이다. 자동차 산업이 전기차로의 전환을 가속한다면, 정유업이나 내연기관 차 부품을 생산하고 정비하는 사람들을 어떻게 설득시키고 생계를 유지시킬지도 생각해봐야 한다. 그러므로 기후 정책과 에너지 정책의 도입은, 그 영향이 미치는 사회 경제의 다른 부분도 같이 고려되어야 한다.

우리가 탄소 중립을 위한 이산화탄소 배출 감소를 계획대로 실현해도, 향후 몇십 년 동안 기후 변화의 영향은 사라지지 않을 전망이다. 변화에 대처하기 어려운 사람들에게 이 영향은 훨씬 더 클 것이다. 더 심해진 폭염은 야외에서 일하는 사람이 더 심하게 체감할 것이고, 집에 냉방장치를 갖추지 못하거나 비용 때문에 가동을 제한해야 하는 사람들에게는 더 치명적으로 다가올 수 있다. 기후 변화로 태풍이나 홍수가 발생해 피해를 입거나, 해수면 상승으로 주거 환경이 적합하지 않을 경우, 경제적 여력이 없는 사람들은 이주가 불가능해 더 큰 피해를 입게 된다. 기후 변화가 사회에 일으키는 불평등의 문제다. 공공재원을 어떻게 충당해야 하는지에 대한 질문이 자연스럽게 따라 오는 이유다.

그러므로 기후 위기 타개를 위해 국가 단위의 종합적인 정책이 중요한 것은 매우 당연하다. 정치와의 밀접한 관계 역시 그렇다. 2015년 파리 조약을 비준했으나 집권당의 변화에 따라 2019년에 탈퇴하고, 2021년에 재가입했다가 2025년에 또다시 탈퇴한 미국의 예는, 기후 위기 대응에 대한 정치의 영향을 단적으로 보여준다. 전임 바이든 행정부에서는 인플레이션 감축법을 통해 재생 에너지를 비롯한 탄소 감축 노력에 많은 양의 보조금을 지급했다. 더불어 2035년까지 100퍼센트 무탄소 전기 생산, 2050년까지 탄소중립에 도달하겠다는 목표를 세워 실행 중이었다. 하지만 2025년 1월 트럼프 행정부가 다시 시작되면서 미국은 파리 기후 협약에서 탈퇴했고, 탄소 감축 노력과 기후 적응 방안을 지원하던 연방정부 차원의 보조금 역시 지급이 중단되었다. 집권당에 따라 몇 년에 한 번씩 기후 정책에 커다란 방향 전환을 겪고 있는 것은 호주도 마찬가지다.

문제를 다르게 보는 눈

하지만 이러한 난관과 국가 단위 정책의 급격한 기조 변화가 꼭 모든 노력의 중단을 의미하는 것은 아니다. 미국의 경우, 실제 탄소 감축 실행의 많은 부분이 각 주와 도시 등의 하위 행정 단위를 통해 이루어진다. 여전히 주 의회에서 기후 변화 대응법이나 탄소

하와이주 마우이섬 산기슭에서 전기를 생산하고 있는 풍력 발전기

감축법을 주 법으로 만들어, 자체적으로 감축 노력을 진행하고 도시 단위로 기후 정책을 적용중이다.

메릴랜드주가 2022년 주 의회에서 통과시킨 메릴랜드 기후 솔루션 법은, 미국의 주들 중 가장 야심 찬 목표를 제시한 기후 변화 대응법으로 평가받는다. 이 법은 2045년까지 메릴랜드주의 완전한 탄소 중립을 목표로 하고 있다. 트럼프 행정부에서의 줄어든 연방 보조금으로 정책을 실행하는 데 어려움을 겪기도 하지만, 주 환경청을 통해 기후 위기 극복 솔루션을 꾸준히 실행 중이다. 최근에는 에너지 조례를 제정, 무탄소 재생 에너지를 통해 자체적으로 생산하는 전기량을 늘리고 있다.

하와이주도 좋은 예다. 지리적 여건으로 많은 물품을 미국 본토에서 조달해야 하는 하와이는 당연히 물가가 비싸다. 스팸을 얹은 큰 초밥인 무스비가 하와이 대표 음식이 된 이유도 통조림이 들여오기 수월했기 때문이라는 이야기가 있다. 그 정도로 하와이는 필요한 물자나 에너지를 자급자족하지 못하는 곳이었다. 이러한 하와이주는 필요한 전기를 자체적으로 생산하겠다는 목표를 세우고, 섬이라는 지역의 특성을 살려 풍부한 바람과 햇볕을 이용한 풍력 발전과 태양 발전을 늘리기 시작했다. 2008년에 시작된 '하와이 클린 에너지 이니셔티브'라는 이름의 정책을 통해 정책 실행 10년

만인 2018년, 전기 수요의 40퍼센트를 탄소를 배출하지 않는 재생 에너지 발전으로 충당하게 되었다. 하와이주는 정치적 상황이 바뀌어도 이 정책을 뚝심 있게 추진하고 있으며, 2045년까지 100퍼센트 무탄소 전기 생산이라는 새로운 목표를 세우고 실행 중이다.

도시들의 역할도 빼놓을 수 없다. 전 세계 온실가스 배출량의 60~70퍼센트가 도시에서 나온다. 반대로 말하면 탄소 배출량을 효율적으로 줄여 기후 위기 대응에 큰 역할을 할 수 있는 곳이 도시라는 뜻이다. 2005년에 설립된 도시 기후 리더십 그룹^{C40}은 서울을 포함한 약 100여 개의 대도시 협의체이다. 이들은 자체적인 감축 목표를 세우고, 도시 특성에 맞는 감축 방법들을 공유하며 파리 기후 협정 목표 달성을 위해 힘쓰고 있다.

▎C40 운영위원회의 멤버이기도 한 서울시는 2050년까지 탄소 중립 도시가 되는 것을 목표로 여러 정책을 실행 중이다. 서울시의 대중교통 정기권 카드인 기후동행카드는 C40 회원 도시에 모범 정책으로 공유되기도 했다.

기후 스마트 세대

게임 체인저는 게임의 판을 뒤바꾸는 사건이나 인물을 의미한다. 기후 변화는 산업 혁명이 시작될 때는 상상도 하지 못했던 일이지만, 지금은 경제 사회의 많은 부분에 연결되어 우리의 삶 깊숙히 영향을 미치는 게임 체인저가 되었다. 기후 위기 극복이라는 난제를 안은 우리로서는 이 상황을 뒤집는 또 다른 게임 체인저가 필요하다.

그 게임 체인저는 어디에서 찾아야 할까? 이코노미스트지에 실린 재미있는 기사를 하나 읽은 적이 있다. 예상 외로 영국의 중년 남자들이 기후 변화 대응 기술의 확산에 앞서고 있다는 내용이었는데, 그들이 자신의 집에 설치한 히트펌프를 다른 이들에게 적극적으로 소개하고 있다는 것이었다. 히트펌프는 에어컨과 난방 기능이 하나로 합쳐진 냉난방기로, 가스 보일러보다 세 배에서 다섯 배까지 에너지 효율이 높다. 무탄소 발전으로 생산한 전기를 사용할 경우, 탄소 배출 감축은 더 크다. 이 기사를 쓴 기자의 개인적 의견이지만, 중년 남성들은 보통 기후 변화에 대해 상대적으로 관심이 덜하지만 기술적인 해법과 접목되니 관심도가 확 올라갔다고 한다. 심지어 본인의 집을 공개해 그 기술의 도입과 홍보에 적극적으로 나서는 사람도 있었다. 기후 위기 극복을 위해 열심히 나설 것이라고 기대되지 않았지만, 갑자기 다크호스처럼 자발적으로 나타난 이 그룹은 아마도 우리가 찾는 게임 체인저의 일부일지도 모른다.

기후와 접점이 없어 보이는 예술 분야도 기후 위기 해결과 연결될 수 있다. 유명한 과학저널 네이처에 큰 공연을 준비 중인 영국의 록밴드 콜드플레이가 어떻게 탄소 감축을 할 수 있을지 한 기후 변화 연구소에 의뢰한 내용의 기사가 실렸다. 연구소의 자문에 따라 콘서트의 무대 조명은 에너지 효율이 높은 전구를 사용했고, 재생 에너지로 생산한 전기를 이용했다. 참석자들에게는 기차를 비롯한 대중교통 사용을 독려하고, 콘서트장까지 접근할 수 있는 셔틀을 제공해 3만 명이 넘는 관람객의 탄소발자국을 줄였다. 콘서트에 쓰이는 LED 팔찌를 식물성 소재로 만들어 나눠주고, 공연 후 다시 회수했다. 2025년 한국에서 열린 공연에서의 회수율은 98%에 달했다.

패션 산업은 섬유를 만드는 공정부터 옷이 만들어지고 소비자에게 전달되기까지 여러 과정에서 탄소를 배출하는데, 이는 전체 탄소 배출량의 약 8퍼센트까지 추정된다. 패션 기업들도 업사이클링 원단을 이용해 옷을 만드는 과정에서 발생하는 탄소를 줄이려고 노력 중이다. 또 다른 창조적인 게임 체인저가 상상하지도 못한 분야에서 나올지도 모른다.

경제 분야의 주체들은 어떠할까? 현재 개발되고 있는 기후 변화 대응 기술은 새로운 혁신 기술들이기 때문에, 관련 산업에 또 다른 성장 기회가 될 수 있다. 새로운 기술도 중요하지만, 이미 개발된 기술들을 어떻게 생산하느냐 역시 중요하다. 원자력과 태양광 에너지 핵심 기술 개발에 결정적인 역할을 했음에도, 다른 나라들에게 주도권을 빼앗긴 미국의 사례는 우리에게 가르침을 준다. 미국 내 시장을 자체적으로 개척하지 못한 것과, 수출 장려 정책이 없었던 것이 원인으로 지목된다.

우리나라의 경우 전기차 생산 8대 기업 중 하나를 보유하고 있고, 리튬 전지 생산에 있어서도 세계 5대 기업 중 1, 2위를 다투고 있다. 차세대 소형 모듈러 원전 대량 생산을 위해 빌 게이츠가 투자한 테라파워와 양산 계약을 맺은 곳도 한국 기업이다. 기후 위기에 대응하는 기술들이 경제적 가능성과 연결되었다는 사실은, 또 다른 게임 체인저의 등장을 촉진할 수 있다.

우리의 일상적인 부분에서도 게임 체인저가 나올 수 있다. 앞서 기후 변화가 먹거리 생산에 미치는 영향을 살펴보았는데, 먹거리를 공급하는 과정에서 배출되는 탄소도 상당하다. 생산, 저장, 가공, 그리고 운반을 아우르는 식량 공급의 모든 과정에서 나오는 온실가스는 전체 배출 총량의 3분의 1이나 된다. 배출된 온실가스는 기후 변화를 일으키고, 먹거리를 생산하는 농업, 어업, 임업 분야가 다시 그 영향을 되돌려 받는다. 마트에서 장을 볼 때 가까운 지역에서 생산한 로컬 푸드, 즉 지역 농산물을 선택하는 것은 운송 과정에서 배출되는 탄소를 줄이는 셈이다. 먹거리 공급 과정에서 발생되는 온실가스를 생각하면, 낭비되거나 버려지는 음식물의 양을 줄이는 것 역시 기후 위기 극복에 기여하는 일이다.

기후 위기의 판을 뒤집을 수 있는 이러한 게임 체인저들을, 나는 기후 스마트 세대라고 부르고 싶다. 자신의 행동이 기후 위기 해결에 도움이 되는지 아닌지를 능동적으로 판단하며, 창조적으로 응용할 수 있는 진정한 스마트 세대 말이다. 귀여운 손주가 더 좋은 환경에서 자라나기를 바라며 생활에서 에너지 절약을 실천하는 할아버지와 할머니도, 지속 가능한 환경을 위해 물건을 살 때 꼼꼼히 따져보는 사회 초년생과 청소년들도, 탄소 중립을 실현하기 위한 정책을 지지하며 기꺼이 비용을 감당하는 사회의 허리를 이루는 세대도, 탄소를 줄일 수 있는 혁신 기술을 도입하는 기업인들도 모두 기후 스마트 세대다.

기후 위기는 어려운 문제임이 분명하다. 하지만 이를 극복하며 더 성숙한 시민사회로 나아갈 수 있는 기회가 될 수도 있다. 기후 변화는 사회 모든 분야에 영향을 미치지 않는 부분이 없을 정도로 광범위한데, 뒤집어 생각해보면 모든 사람이 어떤 역할을 할 기회가 있다는 뜻이다.

관건은 시간이다. 2024년 지구의 평균 온도가 1.5도 상한선을 넘기 시작한 것은, 기후 위기 해결을 위한 더 빠르고 적극적인 액션이 필요하다는 상징적인 알림이다. 탄소 중립을 달성한다고 해서 기후 변화가 바로 중단되지 않기 때문이다. 예상되는 기후 변화에 대비해야 하는 동시에, 앞으로의 세대가 받는 영향을 줄이기 위해 우리가 할 수 있는 일들을 해야 한다.

 대부분의 부모는 아이들의 미래를 위해 가진 돈을 전부 소비하지 않고 저축한다. 같은 관점이 기후 변화의 영향을 줄이기 위한 일에도 적용될 수 있다. 지금 탄소 배출을 줄이면 아이들의 짐이 줄어든다. 지금의 노력이 다음 세대가 기후 변화에 적응하고 살아가는 데 조금 덜 힘들게 해줄 것이다.

 미래 세대가 우리를 기후 위기를 극복하고 성숙한 시민사회로 나아간 세대로 평가할지 아닐지는 우리 손에 달렸다. 기후 위기를 극복할 게임 체인저는 하나의 혁신 기술이나 어떤 뛰어난 정책이 아니다. 사회의 다양한 구성원들이 기후 스마트 세대가 되는 것, 이것이 기후 위기 극복의 열쇠가 될 것이다.

부록

기후 변화
백과사전

IPCC 보고서 읽는 법

　MIT에서 대기과학 박사과정을 하던 시절, 호기롭게 기후 평가 보고서를 주문한 적이 있다. 배달된 책을 보고 깜짝 놀랐는데, 베고 자면 잠이 잘 오기는커녕 목 디스크에 걸릴 만큼 두꺼운 책 몇 권이 왔기 때문이다.

　이 보고서는 기후 변화에 관한 연구 동향을 모은 총집합 문서로, IPCC라는 조직이 6~7년마다 한 번씩 펴내는 보고서다. 국제 기후 협약을 체결할 때 기후 문제 해결을 위한 구체적인 목표를 제시하려면 과학적 근거가 필요한데, 이를 제공하는 임무를 맡은 조직이 바로 IPCC다. 이 조직은 자체적으로 기후에 대한 연구를 하지는 않지만, 각 나라의 연구자들이 기후 변화에 관해 출판한 논문들을 검토해 기후에 대한 종합적인 보고서를 만든다. IPCC는 기후 변화에 대한 지식 보급의 공로를 인정받아 2007년 노벨평화상을 공동 수상하기도 했다.

제6차 기후 평가 보고서

IPCC의 주요 임무는 6~7년을 주기로 발간되는 기후 평가 보고서다. 실무 그룹이 펴내는 세 권의 전문적인 보고서와 한 권의 종합편으로 구성되며, 누구나 무료로 다운받아서 볼 수 있다. 내용이 워낙 방대하고 전문적이기 때문에 정책을 만들고 실행하는 사람들을 위한 요약본*도 배포한다.

이 요약본에 있는 내용이 또 다시 요약되어 우리가 읽는 언론 기사에 실리곤 한다. 가장 최근의 보고서는 제6차 보고서**인데, 2021년 9월부터 2023년 3월에 걸쳐 총 4권으로 출간되었다. 제1권은 기후 변화에 대한 과학적인 주제를, 제2권은 기후 변화의 영향과 취약성을, 제3권은 기후 변화를 어떻게 완화할 수 있는지에 대해 다루었고, 마지막으로 이 주제들을 종합한 보고서를 출간했다.

* Summary for Policymakers (SPM)
** IPCC 제6차 기후 평가 보고서(Sixth Assessment Report; AR6); https://www.ipcc.ch/assessment-report/ar6/

IPCC 기후 평가 보고서를 읽을 때 주목할 점은 어떤 내용에 대한 결론이 어느 만큼 확실한지 평가해 표시했다는 것이다. 기후 변화와 관련된 현상들은 그 분야에 따라서 대부분의 과학자가 동의하는 부분도 있고, 아직도 활발히 연구되고 있어 의견이 갈리는 부분도 있기 때문이다. 그래서 다루는 내용이 아주 확실한지, 어느 정도 확실한지, 혹은 아직 연구가 더 필요한지의 정보를 같이 제공한다.*

　제6차 보고서는 인간의 영향으로 인해 지구의 전 부분에서 온도가 상승하고 있다는 것을 다시 한번 확인해주었다. 관측으로 밝혀진 지구 온도는 최근 10년(2011~2020년) 동안 1850~1900년의 50여 년의 평균값과 비교해 1.1도 더 더워졌다. 최근 50년의 지구 온도 상승폭은 이전 몇천 년 동안 어떠한 시점의 50년 평균을 내도 크다. 이 결론은 거의 이견이 없는, 과학적으로 볼 때 '확실한' 내용이다.

　또한 지구 환경의 여러 구성 요소(대기, 바다, 빙하, 생태계)에 급속도로 변화가 나타나고 있고, 이 변화의 범위가 과거 어느 때와도 비교할 수 없을 정도로 크다고 평가한다. 이미 기후 변화로 인해

---

* 　각각 high confidence, medium confidence, low confidence로 분류한다.

일반적인 날씨와 기후 수준을 벗어나는 기상 이변이 지구 여러 곳에서 우리 눈에 보이고 있다.

미래 기후 예측 정보 이해하기

기후가 어떻게 변할지에 대한 내용은 제1그룹의 보고서에 실리는 가장 중요한 주제다. 앞으로 향후 몇십 년, 길게는 2100년까지 기후가 어떻게 변화할지에 대한 예측으로, 앞서 살펴본 결합 모델 프로젝트의 결과가 여기에 사용된다. 보고서에 실린 미래 기후 예측 정보를 제대로 이해하려면 유념해야 할 점이 하나 있다. 예측은 한 가지만 할 수 없기 때문에, 예측 값을 계산할 때 어떤 사회경제 시나리오를 적용했는지 꼭 확인해야 한다는 것이다.

미래의 탄소 배출량은 사회와 경제가 어떻게 변할지(인구 증가율, 경제의 규모와 성장 속도 등)에 따라 달라진다. 달라진 배출량에 따라 공기 중의 적외선 검문소인 온실가스의 증가량이 달라지고, 결국 미래 기후의 예측값과 변동폭을 결정하게 된다. 그래서 보고서의 미래 온도 상승 증가폭을 예측한 부분을 보면, "매우 낮은 온실가스 배출 시나리오를 적용하면 2081~2100년의 평균 지구 표면 온도는 섭씨 1.0~1.8도 증가할 것으로 예상된다"라든가, "매우 높은 온실가스 배출 시나리오의 경우에는 섭씨 3.3~5.7도의 증가가 예상된다"라는 식으로 조건에 따라 미래 기후를 예측했다.* 매번 새로운 기후 보고서가 나올 때마다 시나리오들이 조금씩 수정되고 이름도 달라지기는 하지만, 미래의 기후 변화 예측을 위해 사회 경제 변화 시나리오를 설정한다는 기본 개념은 동일하다.

먼저 기후 변화를 최소화할 수 있는 최선의 시나리오를 만든다. 온실가스 배출을 획기적으로 감축해 배출량이 아주 적거나 0이 되는 탄소 중립, 심지어 마이너스가 되는 시나리오도 가정한다. 이와 정반대로 기후 변화의 입장에서 최악의 시나리오도 만든다. 아무 규제도 가하지 않고 현재처럼 그냥 계속 배출한다고 가정하는 시나리오다. 그리고 중간에 위치하는 배출량 시나리오들을 몇 개 설정하는 경우가 일반적이다. 중간 배출량을 가정한 시나리오들은 경제 발전과 사회 상황을 조금씩 다르게 가정해서 차이를 둔다.

가장 최근의 제6차 보고서에는 '공통된 사회경제 경로 SSP'**라고 이름 붙은 탄소 배출 시나리오를 사용했다. 모든 시나리오의 이름은 SSP로 시작하고, 그 뒤에 1~5까지의 숫자가 붙는다. SSP 바로 뒤에는 SSP1은 지속 가능성이 실현되는 경우, SSP2와 SSP3은 중간

* 가장 최근에 발표된 IPCC 제6차 기후 평가보고서, Summary for Policy-makers, Page 17
** Shared Socioeconomic Pathways

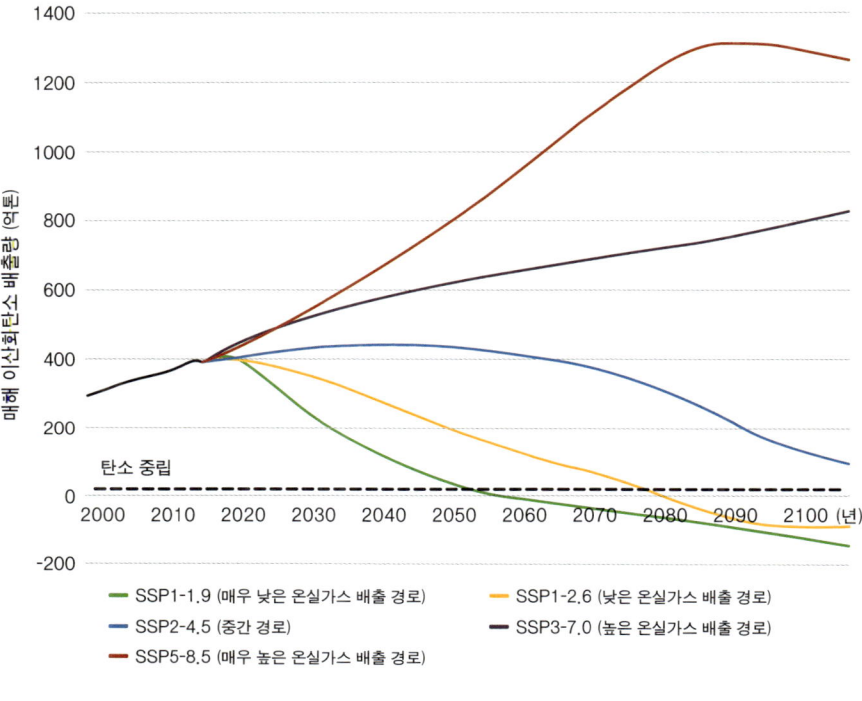

탄소 배출 시나리오(공통된 사회경제 경로)

미래의 기후는 탄소를 얼마나 어떻게 배출하는지에 따라 그 변화 범위가 달라진다. 따라서 미래 기후 예측을 위해서는 다양한 탄소 배출 시나리오가 필요하다.

＊SSP Public Database v2.0 참조.

경로,* SSP4는 불평등한 경우, SSP5는 화석 연료를 사용한 경제 발전의 경우를 의미한다. 이 뒤에 짧은 선을 긋고 붙이는 숫자들은 해당 시나리오를 가정했을 때 2100년까지 배출되는 온실가스들이 일으킬 대기의 추가 보온 효과를 의미한다.

복사 강제력$^{\text{Radiative forcing, RF}}$ 또는 기후 강제력$^{\text{Climate forcing}}$이라고도 불리는 이 숫자들은, 제곱미터당 와트(W/m^2)의 단위를 갖는다. 낯선 개념 같지만 사실 조명기구나 전구를 한 번이라도 사 본 적이 있다면 이미 친숙한 단위다. 전구를 고를 때 와트(W)는 소비하는 전력량을 의미한다. 즉 와트는 시간당 에너지의 단위다. 그러므로 제곱미터 당 와트(W/m^2)는 단위 면적과 시간당 에너지를 뜻한다.

시나리오 뒤에 붙는 숫자들, 즉 기후 강제력은 온실가스 양의 증가로 인한 단위 면적과 시간당 에너지 변화를 나타낸다. 기후 변화에 있어서 최선의 시나리오 1번은 최악의 시나리오 5번에 비해 탄소 배출이 훨씬 적기 때문에 이로 인한 기후 강제력의 변화(여분의 온실가스들이 일으키는 대기의 추가 보온 효과)가 적을 것이고, 따라서 그 뒤에 붙는 숫자도 당연히 작다.

- 3번은 지역 간의 경쟁이 있을 때(regional rivalry)를 의미한다.

예를 들어, 'SSP1-2.6' 시나리오는 지속 가능성을 고려한 1번 경우로, 매우 낮은 온실가스 배출 시나리오이므로 2100년에 대기의 추가 보온 효과가 제곱미터당 2.6 와트(2.6 W/m^2)로 조절된다고 예상한다. 지속 가능성이 실현되는 경우, 추가 에너지 변화는 단위 면적당 2.6와트로 제한할 수 있다는 의미다. 같은 식으로 생각하면, 매우 높은 온실가스 배출 시나리오인 'SSP5-8.5'는 경제 발전을 화석 연료 사용에 계속 의지하는 경우를 가정한 것으로, 이에 따르면 2100년에 기후 강제력은 제곱미터당 8.5 와트(8.5 W/m^2)까지 증가한다.

보고서의 미래 온도 상승에 대한 전망은, 우리가 어떤 시나리오의 경로를 따르더라도 21세기 중반까지는 지구 표면 온도가 계속해서 상승할 것으로 예상한다. 목표대로 탄소 중립을 이룬다고 해도, 온도 상승을 일으키는 온실가스들이 이미 대기 안에 늘어나 있는 상태이기 때문에, 머무르는 동안은 추가로 열에너지를 붙잡을 수 있다. 따라서 향후 20~30년 안에 획기적으로 온실가스 배출을 줄여 탄소 감축을 하지 않으면, 산업혁명 이전과 비교해 1.5도나 2도의 상승은 피할 수 없는 미래가 될 것이다.

이야기를 마치며

"공연을 한다고? 그러면 은지 누나는 노래를 부르는 거야?"

함께 공연을 기획하는 재즈 피아니스트가 연결해준 드럼 연주자의 반응이었다.

하지만 내가 기획한 공연은 협동 공연으로, 나는 기후 변화에 대한 해설을 하고 연주 팀은 기후를 연상할 수 있는 재즈 음악을 연주하는 것이다. 일견 생뚱 맞아 보이는 이 공연은 사실 기후 변화에 대한 마음의 빚을 떨치기 위해 시작한 일이다.

지식과 정보가 고여 있다는 부담감, 전달해야 할 것 같은 책임감을 더 이상 외면할 수 없었다. 나는 내가 할 수 있는 일을 해보기로 했다. 하지만 연구실에만 있던 내가 혼자 무대를 이끌어 갈 용기는 없었다. 그래서 친한 재즈 뮤지션들에게 도움을 청했다.

2023년 말 첫 번째 공연을 올린 후, 우리는 한 팀이 되어 이 공연의 실험적인 포맷을 계속 보완했고, 2024년에는 3번의 공연을 더 할 수 있었다.

큰 그림이나 계획을 가지고 시작한 일은 아니었다. 다만 개인적인 마음의 빚을 조금 덜어내 보자는 이유로 시작한 일이었는데, 이 공연은 지난 몇 년간 내 삶의 방향을 틀어 예상치 않은 곳으로 흘러가게 했다.

태국으로 향하는 비행기에서 겪은 터뷸런스가 머리로만 알던 기후 변화를 체험하게 한 사건이었다면, 이 공연은 잘 짜여진 과학적 논리로 소통하는 익숙한 연구실에서 뛰쳐나와 나의 지식이 사회와 어떻게 연결되고 소통할 수 있는지 고민하는 플랫폼이 되었다.

이 책을 읽은 독자들도 짐작했겠지만, 실험적인 포맷의 공연은 결코 쉽지 않았다. 우리 팀은 매 공연마다 한 번도 빠짐없이 현실의 벽에 부딪혔다. 그런데 신기하게도 예상하지 않았던 곳에서 격려하는 사람들이 나타나 도움을 주었다.

어쩌면 이 모습은 기후 변화에 대한 우리 사회의 반응을 압축적으로 보여주는 것일지도 모른다. 다들 중요한 문제라고 인정하면서 정작 호응은 미지근해 실망스럽기도 하지만, 그러다가도 뜻밖의 곳에서 이 일을 진심으로 고민하는 사람들을 만나게 되는 그런

현실 말이다.

공연과 책을 준비하는 과정에서 만난 이러한 사람들을 통해 나는 이미 기후 스마트 세대의 출현을 보고 있다고 생각한다. 이들에게 따뜻한 위로와 격려를 보내고 싶다.

어느 시대나 사회의 물줄기를 바꾸는 집단의 역할은 어렵다. 기후 위기에 대해 진심으로 고민하는 사람들이 기후 문제의 복잡함에 벅참을 느끼거나, 해결책이 있음에도 바로 실행되지 않고 또 정치 상황에 따라 심지어 퇴보하는 것처럼 보이는 일에 실망하는 모습을 종종 보았다. 이 마음은 기후 변화를 연구하는 과학자나 정책을 통해 해결책의 실행을 모색하는 연구자도 다르지 않다.

하지만 내가 수업을 들었던 공공정책 대학원의 교수님 한 분은, 합의한 대로 잘 시행되지 않는 국제 기후 조약들에 대한 질문을 받고 이러한 답을 하셨다. 완벽하지 않고, 심지어 우리가 세운 목표치가 달성되지 않을 수도 있지만, 이러한 노력조차 없었다면 지구 온도 상승과 기후 변화의 폭은 지금 우리가 겪는 것보다 훨씬 컸을 것이라고 말이다.

기후 위기는 이미 닥쳤고, 진행되고 있으며, 우리는 좋든 싫든 이 판에 발을 들여놓았다. 준비가 되었던 되지 않았던 간에, 우리는 이미 이곳에 와 있다(Ready or not, here we go). 기후 위기에 대응하는 일이 마치 진흙탕 속을 혼자 전진하는 것같이 느껴질 때가 있다. 하지만 함께 헤쳐나가는 사람들이 곳곳에 있다. 적어도 내 경험으로는 그렇다. 앞으로 한 걸음 내딛다보면 어느새 옆에서 같은 방향으로 가고 있는 더 많은 사람들을 발견할 수 있을 것이다. 기후 스마트 세대라는 큰 물줄기의 도래를 기대한다.

감사의 말

이 책은 한길사 김서영 이사님의 결단이 없었으면 세상에 나오기 어려웠을지도 모른다. 이 자리를 빌려 감사의 인사를 전한다. 같이 책을 만드느라 고생하신 편집부의 박홍민님과 배소현님께도 감사의 인사를 드린다.

지난 몇 년간 엉뚱해 보이는 일들을 벌이는 나를 묵묵히 믿어주고 물심양면으로 응원해준 한국과 미국의 가족들에게 감사와 사랑의 인사를 전한다.

내 오랜 친구 김효정님과 김혜란님은 이 책을 쓰는 여정의 처음부터 끝까지 전폭적인 지원을 보내주었다.

이 책과 떼어 놓을 수 없는 협업 공연을 함께 기획해오고 있는 백서진님, 우여곡절이 많은 공연을 항상 멋지게 만들어 주는 이덕

천님, 송진환님을 비롯한 연주팀께도 다시 한번 감사의 인사를 전한다. 매 공연마다 기꺼이 도움을 주는 구혜윤님, 김보람님, 서경원님, 배우 전익령님께도 감사의 마음을 전한다.

다방면으로 도움의 손길을 내밀어 주신 유금와당박물관의 유창종·금기숙 관장님 부부와 유영지님, 이진아님께도 감사드린다.

이 책의 완성에는 포기하고 싶던 때마다 이러한 책의 필요성과 중요성을 상기시켜주고 격려해준 야나 콜라사 Jana Kolassa 박사의 지분이 크다.

책에 실을 사진을 위해 휴일을 반납하고 워싱턴 디시에 출사를 나가 좋은 사진을 제공해준 임재한·주미정 부부의 응원에도 다시 한번 감사의 인사를 전한다.

책을 준비하는 동안 나의 생활을 물심양면으로 도와주신 장미원님, 이요한·임숙연 부부, 하영, 서린에게도 따뜻한 감사의 인사를 전한다.

책에 개인적인 에피소드와 실명을 사용하도록 흔쾌히 허락해준 마리시오 아리아스 Mauricio E. Arias 교수와 파비오 파리노시 Fabio Farinosi 박사에게도 감사의 인사를 전한다.

위성에 관한 내용의 확인과 SAR 이미지를 제공해주신 조민정 박사님, 허리케인과 텔레커넥션 내용을 꼼꼼히 확인해주신 임영

권 박사님, 모델링 부분 내용을 확인해주신 임유나 박사님께 감사드린다.

그레이스 위성 이해에 큰 도움을 주신 한신찬 교수님과 에피소드에 실명을 사용하게 허락해 주신 김동철 박사님께도 감사드린다. 좋은 배경 지식을 더해 주신 이샘나님, 손형민 박사님, 방영석 박사님께도 감사의 말씀을 전한다.

초고를 읽고 귀한 피드백을 제공해 주신 정영철님과 박서정님께 감사드린다. 책과 공연 준비에 도움을 주신 연세대학교 신호정 박사님과 나상문님께도 다시금 감사의 인사를 전한다.

책의 준비기간 동안 세심한 배려로 도와주시고 격려해주신 연세대학교 김연주 교수님과 서울대학교 윤제용 교수님께도 감사드린다.

초보 작가인 내가 집필과 출판 과정에 대한 질문이 있을 때마다 항상 시간을 내어주신 김유경 번역가님, 책 출판에 귀한 조언을 해주신 노아모님, 노아미님, 함혜영님께 감사드린다.

항상 변함없는 격려와 응원을 보내주시는 김정원님, 한미연님, 정혜정님, 신나윤님께도 감사드린다.

마지막으로 두 분을 기린다. 책의 출간을 보지 못하시고 세상을 떠나신 나의 큰어머니 박영희님은 누구보다 이 책을 자랑스러워

하셨을 분이다. 미국 생활에서 받은 많은 사랑을 다 돌려드리지 못한 것 같아 송구스럽다.

그리고 고 여해 강원룡 목사님을 생각한다. 목사님이 살아계셨다면 이 책의 내용에 관해 특유의 카랑카랑한 목소리로 궁금한 점을 거침없이 질문하시지 않았을까. 위 세대가 내게 보여 주셨던 진심 어린 관심이 이 책을 통해 다음 세대로도 전해질 수 있다면 참 기쁜 일이겠다.

2025년 9월

이은지

참고문헌

온도 변화의 흔적

The Copernicus Climate Change Service. 2023. "Extreme Weather and Human Health."

Nashwan, A. J. et al. 2024. "Hajj 2024 Heatwave: Addressing Health Risks and Safety." *The Lancet* 404 (10451): 427-28.

IPCC. 2021. "Summary for Policymakers." In Climate Change 2021: The Physical Science Basis. Cambridge University Press. Data for Figure SPM.1 (v20221116).

World Meteorological Organization. 2025. *State of the Global Climate 2024*. WMO-No. 1368.

탄소의 죄?

National Oceanic and Atmospheric Administration Global Monitoring Laboratory. "Trends in CO2."

Lüthi, D. et al. 2008. "High-Resolution Carbon Dioxide Concentration Record 650,000-800,000 Years before Present." *Nature* 453 (7193): 379-82.

국립기상과학원. 2025. *2024 지구대기감시보고서*.

예정에 없었던 우회

IPCC. 2022. "Chapter 2: Terrestrial and Freshwater Ecosystems and Their Services." In *Climate Change 2022: Impacts, Adaptation and Vulnerability*. Cambridge University Press.

Keeley, J. 2025. "How Santa Ana Winds Have Fueled the Deadly Fires in Southern California." *PBS News*.

Chappell, B. 2023. "A Big Swath of the U.S. Is under Red and Purple Air Quality Alerts from Canada's Smoke." *NPR*.

Jain, P. et al. 2024. "Drivers and Impacts of the Record-Breaking 2023 Wildfire Season in Canada." *Nature Communications* 15 (1): 1.

Dieckman, E. 2025. "How Much Did Climate Change Affect the Los Angeles Wildfires?" *Eos*. 6-7.

Abatzoglou, J. T. et al. 2016. "Impact of Anthropogenic Climate Change on Wildfire across Western US Forests." *Proceedings of the National Academy of Sciences* 113 (42): 11770-75.

Byrne, B. et al. 2024. "Carbon Emissions from the 2023 Canadian Wildfires." *Nature* 633 (8031): 8031.

Aono, Y. 2021, 2025. "Cherry Blossom Full Bloom Dates in Kyoto, Japan."

아름다운 바다

Burt, J. A. et al. 2019. "Causes and Consequences of the 2017 Coral Bleaching Event in the Southern Persian/Arabian Gulf." *Coral Reefs* 38

(4): 567-89.

The Copernicus Climate Change Service. 2025. "Record Sea Surface Temperature for June in Western Mediterranean."

국립수산과학원. 2025. 해양자료속보 - 한국 연안 수온정보.

Pinsky, M. et al. 2013. "Marine Taxa Track Local Climate Velocities." *Science* 341 (6151): 1239-42.

Siwertsson, A. et al. 2024. "Rapid Climate Change Increases Diversity and Homogenizes Composition of Coastal Fish at High Latitudes." *Global Change Biology* 30 (5).

Keeling, R. F. et al. 2010. "Ocean Deoxygenation in a Warming World." *Annual Review of Marine Science* 2 (1): 199-229.

백금탁. 2022. "기후변화로 용머리해안 탐방 자체가 힘들다". 한라일보

김성우, 박이담. 2021. "기후위기 '최전선' 제주도가 사라진다…해수면 23cm 상승". 헤럴드 에코.

Chow, D. 2019. "Three Islands Disappeared in the Past Year. Is Climate Change to Blame?" *NBC News*.

Wilson, T. 2025. "Tuvalu: One in Three Citizens Apply for Climate Change Visa." *BBC News*.

Dance, S. et al. 2025. "How Extraordinary Rainfall Caught Texas by Surprise." *The Washington Post*.

커피 마시는 법

IMF Primary Commodity Prices

Grüter, R. et al. 2022. "Expected Global Suitability of Coffee, Cashew and Avocado Due to Climate Change." *PLOS ONE* 17 (1): e0261976.

Davis, A. P. et al. 2012. "The Impact of Climate Change on Indigenous Arabica Coffee: Predicting Future Trends and Identifying Priorities." *PLOS ONE* 7 (11): e47981.

IPCC. 2022. "Chapter 5: Food Security." In *Climate Change and Land*. Cambridge University Press.

Kaniewski, D. et al. 2023. "Climate Change Threatens Olive Oil Production in the Levant." *Nature Plants* 9 (2): 219-27.

Eurostat. 2024. "Price of Olive Oil up 50% in One Year."

World Meteorological Organization. 2024. "Africa Faces Disproportionate Burden from Climate Change and Adaptation Costs."

Jägermeyr, J. et al. 2021. "Climate Impacts on Global Agriculture Emerge Earlier in New Generation of Climate and Crop Models." *Nature Food* 2 (11): 873-85.

National Academies of Sciences, Engineering, and Medicine. 2011. *Climate Stabilization Targets: Emissions, Concentrations, and Impacts over Decades to Millennia*. National Academies Press.

Hultgren, A. et al. 2025. "Impacts of Climate Change on Global Agriculture Accounting for Adaptation." *Nature* 642 (8068): 644-52.

Wu, S. et al. 2025. "Advancing the Modeling of Future Climate and

Innovation Impacts on Perennial Crops to Support Adaptation: A Case Study of California Almonds." *Earth's Future* 13 (4): e2024EF005033.

농촌진흥청. 2022. "'온난화'로 미래 과일 재배 지도 바뀐다."

Miller-Struttmann, N. E. 2024. "Climate Change Predicted to Exacerbate Declines in Bee Populations." *Nature* 628 (8007): 270-71.

Morrison, A. 2025. "Climate Change and Globalization Raise Risks from Crop Pests." *Phys.Org*.

Schneider, L. et al. 2022. "The Effect of Climate Change on Invasive Crop Pests across Biomes." *Current Opinion in Insect Science* 50 (April): 100895.

Ma, C-S. et al. 2025. "Crop Pest Responses to Global Changes in Climate and Land Management." *Nature Reviews Earth & Environment* 6 (4): 264-83.

Wong, C. 2024. "How Climate Change Is Hitting Europe: Three Graphics Reveal Health Impacts." *Nature* 630 (8018): 8018.

Basilio, H. 2025. "Extreme Heat Will Kill Millions of People in Europe without Rapid Action." *Nature* 638 (8049): 8049.

기상청 기상자료개방포털. "폭염일수"

질병관리청. "온열질환감시체계 운영 결과"

질병관리청. 2024. 2024년 여름철 긴 폭염으로 온열질환자 응급실방문 전년 대비 31.4% 증가.

기상청 기후정보포털. "기후변화 영향정보 – 대기정체."

The U.S. Global Change Research Program. 2016. "Ch. 6: Climate

Impacts on Water-Related Illness" In *The Impacts of Climate Change on Human Health in the United States: A Scientific Assessment*, Washington, DC.

물, 길을 잃다

Chen, L. et al. 2025. "Global Increase in the Occurrence and Impact of Multiyear Droughts." *Science* 387 (6731): 6731.

Williams, A. P. et al. 2022. "Rapid Intensification of the Emerging Southwestern North American Megadrought in 2020-2021." *Nature Climate Change* 12 (3): 3.

그동안 모두가 손 놓고 있던 것은 아니다

U.S. Global Change Research Program. 2023. *Fifth National Climate Assessment*.

IPCC. 2018. *Global Warming of 1.5°C*. Cambridge University Press.

알고 보니 밀접한 관계

International Energy Agency. "Korea-Countries & Regions. CO2 emissions by sector"

The United States Executive Office of the President. 2021. "The Long-Term Strategy of the United States: Pathways to Net-Zero Greenhouse Gas Emissions by 2050."

European Commission. 2024. "Climate Report Shows the Largest Annual

Drop in EU Greenhouse Gas Emissions for Decades".

산업통상자원부. *2024년 에너지수급동향*.

집 나간 탄소를 다시 불러올 수 있을까

Nature editorial board. 2024. "EU Climate Policy Is Dangerously Reliant on Untested Carbon-Capture Technology." *Nature* 626 (7999): 456-456.

Ramirez-Franco, J. 2024. "The Nation's First Commercial Carbon Sequestration Plant Is in Illinois. It Leaks." *NPR Illinois*.

Archer-Daniels-Midland. 2025. "ADM Monitoring Well Developments."

방송통신위원회, 2024 방송매체 이용행태 조사.

우리가 만들어 나갈 기록

The Economist. 2025. "The Rise of the Net-Zero Dad: Middle-Aged Men Care Less about the Problem. But They Love the Solution." *The Economist*.

Hedley, E. 2024. "Massive Attack's Science-Led Drive to Lower Music's Carbon Footprint." *Nature* 633 (8028): 241-43.

United Nations Economic Commission for Europe. 2018. "UN Alliance Aims to Put Fashion on Path to Sustainability."

National Academies of Sciences, Engineering, and Medicine. 2021. *Accelerating Decarbonization of the U.S. Energy System*. National Academies Press.

지구 관찰자의 기후 노트

지은이 이은지
펴낸이 김언호

펴낸곳 (주)도서출판 한길사
등록 1976년 12월 24일
주소 10881 경기도 파주시 광인사길 37
홈페이지 www.hangilsa.co.kr
전자우편 hangilsa@hangilsa.co.kr
전화 031-955-2000~3 **팩스** 031-955-2005

부사장 박관순 **총괄이사** 김서영 **관리이사** 곽명호
경영이사 김관영 **편집주간** 백은숙
편집 배소현 노유연 박홍민 임진영
관리 이희문 이진아 고지수 **마케팅** 이영은
디자인 창포 031-955-2097
CTP출력·인쇄 예림 **제책** 예림원색

제1판 제1쇄 2025년 10월 10일
제1판 제2쇄 2025년 11월 10일

값 18,000원

ISBN 978-89-356-7909-6 03450

● 잘못 만들어진 책은 구입하신 서점에서 바꿔드립니다.